中华传统蒙学精华注音全本

孝经·弟子规·增广贤文

(第2版)

春秋·孔子著　清·李毓秀著　清·佚名

王磊　张淳　注释

百子图圆图　清·焦秉贞

东南大学出版社
SOUTHEAST UNIVERSITY PRESS

图书在版编目（CIP）数据

孝经·弟子规·增广贤文 / 王磊，张淳注释.
—2 版. —南京：东南大学出版社，2014.7
（“尚雅”国学经典书系：中华传统蒙学精华注音全本/ 邓启铜主编.）
ISBN 978-7-5641-4263-6

Ⅰ.①孝… Ⅱ.①王… ②张… Ⅲ.①家庭道德-中国-古代 ②古汉语-启蒙读物 Ⅳ.①B823.1 ②H194.1

中国版本图书馆 CIP 数据核字(2013)第 107101 号

孝经·弟子规·增广贤文

责任编辑　彭克勇
封面设计　方楚娟
出版发行　东南大学出版社
社　　址　南京市四牌楼2号　邮编：210096
出 版 人　江建中
网　　址　http://www.seupress.com
印　　刷　东莞市信誉印刷有限公司
开　　本　787mm×1092mm　1/16
印　　张　14
字　　数　260千字
版　　次　2013年9月第2版
印　　次　2019年3月第8次印刷
书　　号　ISBN 978-7-5641-4263-6
定　　价　24.00元

东大版图书若有印装质量问题，请直接向营销部调换　电话：025-83791830

序

“世界潮流，浩浩汤汤！”面对滚滚的世界潮流，不少有识之士发现被国际化的中国正面临着丧失本土文化之危机。十几年来，南怀瑾大师发起的“全球儿童读经”已经从开始时的“该不该读经典”大讨论演变到后来的“怎么读经典”，然后又演变为现在的“成人读经典”，大有“全民读经典”的趋势。放眼各地兴起的“书院热”、“国学热”，无不说明以国学为主体的中华传统文化已然越来越受到重视。究其根本原因，是我们在国际交流的过程中不能没有自己的文化，要想在这次世界浪潮中居于主导地位，我们必须要高度重视我们的传统文化经典。

传统文化是指传统社会形成的文化，它既是历史发展的内在动力，也是文化进步的智慧源泉。中华传统文化伦理思想贯穿始终；中华传统文化具有独特的审美意识和人文精神，在文学艺术上创造了辉煌的成就；中华传统文化注重对真理的思辨和追求。因此，中华传统文化是优秀的文化。

1988年，几十位诺贝尔奖得主聚集巴黎发表宣言：“人类要在21世纪生存下去，必须回首2 500多年前，去汲取孔子的智慧。”联合国大厅里赫然书写着“己所不欲，勿施于人”。经典是唤醒人性的著作，可以开启人们的智慧！经典能深入到一个人心灵的最深处，能培养一个人优雅的性情和敦厚的性格！

早在2003年，我深受台中师范大学王财贵老师的影响，着力于辅导女儿邓雅文等三位小朋友背经，不到三年的时间，他们就已熟背了《三字经》《百家姓》《千字文》《论语》《老子》《大学》《中庸》《唐诗三百首》《诗经》等经典，当时找不到一套好的教材，我便决心自编一套适合他们的教材。

面对中华五千年文明积累下来的经典，我们从经、史、子、集中精选了四十五种典籍作为“新月经典”之“中国传统文化经典儿童读本”，分四辑陆续出版，并对其中二十种经典录制了配音CD。新书甫一推出，就被中央电视台新闻联播节目报道，并有多家媒体报道或发表了专访等。其中《论语》《三字经·百家姓·千字文》《老子·大学·中庸》等更是先后登上畅销图书排行榜，特别是《论语》，还登上了《南方都市报》2004年、2005年畅销书排行总榜。图书甚至远销美国、加拿大、新加坡、印尼、菲律宾、中国台湾、中国香港等地，无数的读者来电来信给予肯定，更是对我们的鼓励和鞭策。回顾这几年的经典注释工作，真可谓：七年辛苦不寻常！我们在编辑、注释、注音时坚持以“四库全书”为主，遍搜各种版本，尽量多地参照最新研究成果，力争做到每个字从注释到注音都有出处，所选的必是全本，每次重印时都会将发现的错误更正，这样我们奉献给读者的图书才符合“精”、“准”、“全”。也正因为如此，我们这套经典才能在目前良莠不齐的图书市场受到读者的欢迎。

和许多从事古汉语和文字研究工作的学者一样，我们在钻研这些经典时始

终有一个困惑我们的问题，即这些经典是由文言、古文字传承至今的，因此汉字的流变对理解原著影响非常之大，加之汉字简化与繁体字并非一一对应，往往简化后就会产生歧义。因此，我们在按汉字简化原则由繁化简的同时，在整套书中，对以下情况我们保留了原文字：①後—后，这两个字在古文中是严格区分的，《百家姓》两个姓氏都有，怎能简化为一个字呢？！②發—髮—发，在“须”、“毛”义时用髮，在“开”、“起”义时用“發”。③餘—馀—余，“餘”是“馀”的繁体字，“馀”不是“余”的繁体字，而是“餘”的简体字。④另有少数不能简化部首偏旁的字和不便造字的字保留了原文字，这样处理有利于精准保留原本面貌，也不致产生歧义。但读者不能由此断定我们是反简复繁派，事实上我们认为汉字简化是文字发展的大方向，只是简化时每个字都应充分听取各方面学者意见，并兼顾其发展和历史，而不是朝令夕改令人无所适从抑或粗暴地割断其历史渊源，唯权力是听！

这次东南大学出版社推出的这套“东大国学书系”是我们在云南大学出版社“中国传统文化经典儿童读本”的基础上修订而成的，经过这七年的检验，我们发现不但儿童喜欢这种注音方式，一些老年人也特别适合这种“大字不老花”的方式，甚至有的大学教授也拿我们这套书来给大学生上课，因为有注音，不需查找便可方便地读准每个字，也不会闹笑话。因此我们认为经典注音是全民阅读的一种好方式，特别是青少年阅读习惯的培养更是一个国家、一个民族的希望之所在。为此，我们精选五十二种经典供读者选读，分为：

“中华传统蒙学精华注音全本”：《三字经·百家姓·千字文》《千家诗》《声律启蒙·笠翁对韵》《孝经·弟子规·增广贤文》《幼学琼林》《五字鉴》《龙文鞭影》《菜根谭》《孙子兵法·三十六计》

“中华传统文化经典注音全本”第一辑：《庄子》《宋词三百首》《元曲三百首》《孟子》《易经》《楚辞》《尚书》《山海经》《尔雅》

“中华传统文化经典注音全本”第二辑：《唐诗三百首》《诗经》《论语》《老子·大学·中庸》《古诗源》《周礼》《仪礼》《礼记》《国语》

“中华传统文化经典注音全本”第三辑：《古文观止》《荀子》《墨子》《管子》《黄帝内经》《吕氏春秋》《春秋公羊传》《春秋穀梁传》《武经七书》

“中华传统文化经典注音全本”第四辑：《春秋左传》《战国策》《文选》《史记》《汉书》《后汉书》《三国志》《资治通鉴》《聊斋志异全图》

“中华古典文学名著注音全本”：《绣像东周列国志》《绣像三国演义》《绣像水浒传》《绣像红楼梦》《绣像西游记》《绣像儒林外史》《绣像西厢记》

上述书目基本上涵盖了传统文化经典的精华。

博雅君子，有以教之！

“尚雅”国学经典书系主编

邓启铜

2010年3月

目录

孝经

附：二十四孝

dì zǐ guī
弟子规

zēng guǎng xián wén
增广贤文

目录

孝　经

历朝贤后故事图之孝事周姜　清·焦秉贞

唐玄宗御注《孝经》序

朕闻上古，其风朴略。虽因心之孝已萌，而资敬之礼犹简。及乎仁义既有，亲誉益著。圣人知孝之可以教人也，故因严以教敬，因亲以教爱，于是以顺移忠之道昭矣，立身扬名之义彰矣。子曰："吾志在《春秋》，行在《孝经》。"是知孝者德之本欤。《经》曰："昔者明王之以孝理天下也，不敢遗小国之臣，而况于公侯伯子男乎！"朕尝三復斯言，景行先哲，虽无德教加于百姓，庶几广爱，刑于四海。

嗟乎！夫子没而微言绝，异端起而大义乖。况泯绝于秦，得之者，皆煨烬之末；滥觞于汉，传之者，皆糟粕之馀。故鲁史春秋，学开五传；国风雅颂，分为四诗。去圣逾远，源流益别。近观《孝经》旧注，踳駮尤甚。至于迹相祖述，殆且百家；业擅专门，犹将十室。希升堂者，必自开户牖；攀逸驾者，必骋殊轨辙。是以道隐小成，言隐浮伪。且传以通经为义，义以必当为主。至当归一，精义无二。安得不剪其繁芜，而撮其枢要也？韦昭、王肃，先儒之领袖；虞翻、刘劭，抑又次焉。刘炫明安国之本，陆澄讥康成之注。在理或当，何必求人？今故特举六家之异同，会五经之旨趣。约文敷畅，义则昭然；分注错经，理亦条贯。写之琬琰，庶有补于将来。且夫子谈经，志取垂训。虽五孝之用则别，而百行之源不殊。是以一章之中，凡有数句；一句之内，意有兼明。具载则文繁，略之又义阙。今存于疏，用广發挥。

孝经图之开宗明义章　明·仇　英

至圣先师孔子像　明·《圣贤像赞》

kāi zōng míng yì zhāng dì yī
开宗明义章第一[1]

zhòng ní jū zēng zǐ shì zǐ yuē
仲尼居[2]，曾子侍[3]。子曰：

xiān wáng yǒu zhì dé yào dào yǐ shùn tiān xià
“先王有至德要道[4]，以顺天下[5]，

mín yòng hé mù shàng xià wú yuàn rǔ zhī
民用和睦[6]，上下无怨[7]。汝知

zhī hū
之乎[8]？”

zēng zǐ bì xí yuē shēn bù mǐn
曾子避席曰[9]：“参不敏[10]，

hé zú yǐ zhī zhī
何足以知之？”

zǐ yuē fú xiào dé zhī běn yě jiào
子曰：“夫孝，德之本也[11]，教

注释：①**开宗明义：**即阐述本经的宗旨，说明孝道的义理。开，张开，揭示。宗，宗旨。明，显示，使之明晰。义，义理。②**仲尼居：**仲尼，孔子的字。孔子，春秋末期思想家、政治家、教育家，儒家的创始者。居，闲居，无事闲坐着。③**曾子侍：**曾子，即曾参，字子舆，孔子的弟子。侍，地位低的人在地位高的人身侧为侍。这里指在孔子坐席旁边陪坐。④**先王：**先代圣帝明王。这里指尧、舜、禹、汤、文、武等历史上著名的贤君圣王。**至德：**至善至美之品德。**要道：**至关重要的道理。⑤**顺：**理顺。⑥**民用和睦：**百姓相顾而亲，相悦而和。用，因而。⑦**上下：**指社会地位的尊卑高低，这里包括了从贵族到平民的各个阶层。⑧**汝知之乎：**你知道这些道理吗？汝，你。之，指代前句所说的“至德要道”。乎，语气词，用在句末表示疑问或反问。⑨**避席：**古代的一种礼节，指离开座位站起来以示恭敬。⑩**敏：**聪慧，灵敏。⑪**夫孝，德之本也：**孝道是一切德行的根本。夫，發语词。本，根本。

zhī suǒ yóu shēng yě fù zuò wú yù rǔ
之所由生也①。復坐②，吾语汝③。

shēn tǐ fà fū shòu zhī fù mǔ bù gǎn huǐ shāng xiào zhī shǐ yě lì shēn xíng dào yáng míng yú hòu shì yǐ xiǎn fù mǔ xiào zhī zhōng yě
“身体髮肤④，受之父母，不敢毁伤⑤，孝之始也⑥。立身行道⑦，扬名于後世⑧，以显父母⑨，孝之终也⑩。

注释： ①**教之所由生也**：所有教化都是从孝道产生出来的。②**復坐**：孔子让曾子回到自己的席位上去。復，重回。③**语**：告诉。④**身**：躯体。**体**：四肢。**髮**：毛髮。**肤**：皮肤。⑤**毁伤**：毁坏，残伤。⑥**始**：开端。⑦**立身**：指在事业上有所建树，有所成就。**行道**：指按照天道行事。⑧**扬名**：显扬名声。⑨**显**：显耀，荣耀。⑩**孝之终也**：这里指孝道的高级的、终极的要求。终，终了。

孔子圣迹图之先圣小像 明·佚 名

fú xiào shǐ yú shì qīn zhōng yú shì jūn zhōng yú lì shēn

“夫孝，始于事亲①，中于事君②，终于立身③。

dà yǎ yún wú niàn ěr zǔ yù xiū jué dé

“《大雅》云④：‘无念尔祖⑤，聿修厥德⑥。’”

注释：①**始于事亲：**以侍奉双亲为孝行之始。②**中于事君：**以为君王效忠、服务为孝行的中级阶段。③**终于立身：**以建功扬名、光宗耀祖为孝行之终。④**《大雅》：**《诗经》的一个组成部分，主要是西周官方的音乐诗歌作品。⑤**无念：**犹言勿忘，不要忘记。**尔：**你的。**祖：**祖先。⑥**聿修厥德：**继承、發扬先祖的美德。聿，语助词。厥，其。以上二句见于《诗经·大雅·文王》。

孝经图之开宗明义章 宋·无 款

子曰愛親者不敢惡於人敬親者不敢慢於人愛敬盡
於事親而德教加於百姓刑于四海蓋天子之孝也甫
刑云一人有慶兆民賴之

孝经图之天子章　宋·无　款

tiān zǐ zhāng dì èr
天子章第二①

zǐ yuē　ài qīn zhě bù gǎn wù yú rén
子曰："爱亲者不敢恶于人②，

jìng qīn zhě bù gǎn màn yú rén　ài jìng jìn yú
敬亲者不敢慢于人③。爱敬尽于

shì qīn　ér dé jiào jiā yú bǎi xìng　xíng
事亲④，而德教加于百姓⑤，刑

yú sì hǎi　gài tiān zǐ zhī xiào yě
于四海⑥，盖天子之孝也⑦。

fǔ xíng　yún　yī rén yǒu qìng　zhào
《甫刑》云⑧：'一人有庆⑨，兆

mín lài zhī
民赖之⑩。'"

注释：①**天子**：指帝王、君主。②**爱亲**：亲爱自己的父母。**恶**：厌恶、憎恨。③**敬亲者不敢慢于人**：尊敬自己父母的人，就不会怠慢别人的父母。慢，轻侮，怠慢。④**尽**：竭尽全力。⑤**德教**：以道德教化。**加**：施加。⑥**刑**：法，法则。用作动词，"为……所法则"之义。**四海**：指全天下。⑦**盖**：犹略。⑧**《甫刑》**：一名《吕刑》，《尚书》篇名。⑨**一人**：天子。**庆**：善。⑩**兆民**：万民，指天下之百姓。**赖**：信赖，依靠。

孝经图之天子章　明·仇　英

zhū hóu zhāng dì sān
诸侯章第三①

zài shàng bù jiāo gāo ér bù wēi zhì jié jǐn dù mǎn ér bú yì gāo ér bù wēi suǒ yǐ cháng shǒu guì yě mǎn ér bú yì suǒ yǐ cháng shǒu fù yě fù guì bù lí

在上不骄②，高而不危；制节谨度③，满而不溢④。高而不危，所以长守贵也⑤；满而不溢，所以长守富也⑥。富贵不离

注释：①**诸侯**：指由天子分封的国君。②**在上**：指诸侯的地位在万民之上。**骄**：骄傲，傲慢。③**制节**：俭省费用。**谨度**：指行为举止谨慎，合乎法度。④**满**：充实，指国库充裕。**溢**：过分，这里指奢侈浪费。⑤**长守贵**：长久地保有尊贵的地位。贵，指政治地位高。⑥**长守富**：长久地保有财富。富，指钱财多。

虞舜帝孝德升闻图 明·《帝鉴图说》

qí shēn rán hòu néng bǎo qí shè jì ér hé

其身，然後能保其社稷①，而和

qí mín rén gài zhū hóu zhī xiào yě

其民人②，盖诸侯之孝也。

shī yún zhàn zhàn jīng jīng rú

《诗》云：“战战兢兢，如

lín shēn yuān rú lǚ báo bīng

临深渊，如履薄冰③。”

注释：①**社稷：**代指国家。社，土地神。稷，穀神。②**和：**使……和睦。**民人：**百姓。③**战战兢兢，如临深渊，如履薄冰：**意思是说恐惧谨慎，担心坠入深渊不可復出，担心陷入薄冰下不可援救。战战，恐惧。兢兢，戒慎。临，近。语出《诗经·小雅·小旻》。

孝经图之诸侯章　宋·无　款

qīng dà fū zhāng dì sì
卿大夫章第四①

fēi xiān wáng zhī fǎ fú，bù gǎn fú；fēi xiān wáng zhī fǎ yán，bù gǎn dào；fēi xiān wáng zhī dé xìng，bù gǎn xíng。shì gù，fēi fǎ bù yán，fēi dào bù xíng；kǒu wú zé yán，

非先王之法服，不敢服②；非先王之法言，不敢道③；非先王之德行④，不敢行。是故，非法不言⑤，非道不行⑥；口无择言，

注释：①**卿大夫**：指地位仅次于诸侯的高级官员。②**法服**：合于礼仪规定的服装。**不敢服**：不敢穿。③**法言**：合乎情理、礼法的言论。**不敢道**：不敢说。④**德行**：符合道德标准的行为。⑤**非法不言**：不符合礼法的话不说，言必守法。⑥**非道不行**：不符合道德的事不做，行必遵道。

孝经图之卿大夫章　明·仇　英

shēn wú zé xìng　yán mǎn tiān xià wú kǒu guò

身无择行①；言满天下无口过②，

xìng mǎn tiān xià wú yuàn wù　sān zhě bèi yǐ　rán

行满天下无怨恶③。三者备矣④，然

hòu néng shǒu qí zōng miào　gài qīng dà fū zhī xiào

後能守其宗庙⑤，盖卿大夫之孝

yě　shī yún　sù yè fěi xiè　yǐ shì

也。《诗》云：“夙夜匪懈，以事

yì rén

一人⑥。”

注释： ①**口无择言，身无择行**：张口说话无须斟酌措词，行动举止无须考虑应当怎样去做。②**言满天下无口过**：虽然言谈传遍天下，但是天下之人都不觉得有什么过错。满，充满，遍布。口过，言语的过失。③**行满天下无怨恶**：尽管做的事多天下人也看得很清楚，但决不会遭人怨恶。怨恶，怨恨，不满。④**三者**：指服、言、行，即法服、法言、德行。**备**：完备，齐备。⑤**宗庙**：古时立祖宗神像以祭祀的场所。⑥**夙夜匪懈，以事一人**：卿大夫当能早起夜寝以事天子，不得懈惰。夙，早。匪，非，不。懈，怠惰。语出《诗经·大雅·烝民》。

孝经图之卿大夫章　宋·无　款

士章第五[1]

资于事父以事母[2]，而爱同[3]；资于事父以事君，而敬同[4]。故母取其爱，而君取其敬，兼之者父也[5]。故以孝事君则忠，以

注释：①士：这里指国家的低级官员，地位在大夫之下，庶人之上。②资：取。③而：其。爱：指亲爱之心。④敬：指崇敬之心。⑤兼之者父也：指侍奉父亲，则兼有爱心和敬心。兼，同时具备。

孝经图之士章　明·仇　英

jìng shì zhǎng zé shùn　zhōng shùn bù shī　yǐ
敬事长则顺①。忠顺不失②，以
shì qí shàng　rán hòu néng bǎo qí lù wèi　ér
事其上，然後能保其禄位③，而
shǒu qí jì sì　gài shì zhī xiào yě　shī
守其祭祀，盖士之孝也。《诗》
yún　sù xīng yè mèi　wú tiǎn ěr suǒ shēng
云：“夙兴夜寐，毋忝尔所生④。”

注释：①**以敬事长则顺**：用敬重兄长的态度去事奉上级，就能够顺从。长，上级，长官。②**忠顺不失**：指忠诚与顺从两个方面都做到没有缺点、过失。③**禄位**：爵位和俸禄。④**夙兴**：早起。**夜寐**：晚睡。**毋**：不要。**忝**：羞辱。**所生**：即生身父母。语出《诗经·小雅·小宛》。

孝经图之士章　宋·无　款

孝经图之庶人章　宋·无　款

shù rén zhāng dì liù
庶人章第六①

yòng tiān zhī dào　fēn dì zhī lì　jǐn

用天之道②，分地之利③，谨

shēn jié yòng　yǐ yàng fù mǔ　cǐ shù rén zhī xiào

身节用④，以养父母，此庶人之孝

yě　gù zì tiān zǐ zhì yú shù rén　xiào wú zhōng

也。故自天子至于庶人，孝无终

shǐ　ér huàn bù jí zhě　wèi zhī yǒu yě

始⑤，而患不及者⑥，未之有也。

注释：①**庶人**：众人。②**用天之道**：按时令变化安排农事。用，善用。天之道，指春生、夏长、秋收、冬藏。③**分地之利**：分别情况，因地制宜，种植适宜当地生长的农作物，以获取地利。④**谨身**：谨慎小心。**节用**：节省开支。⑤**孝无终始**：孝道的义理非常博大。⑥**而患不及**：而担心做不到。患，忧虑，担心。不及，做不到。

孝经图之庶人章　明·仇　英

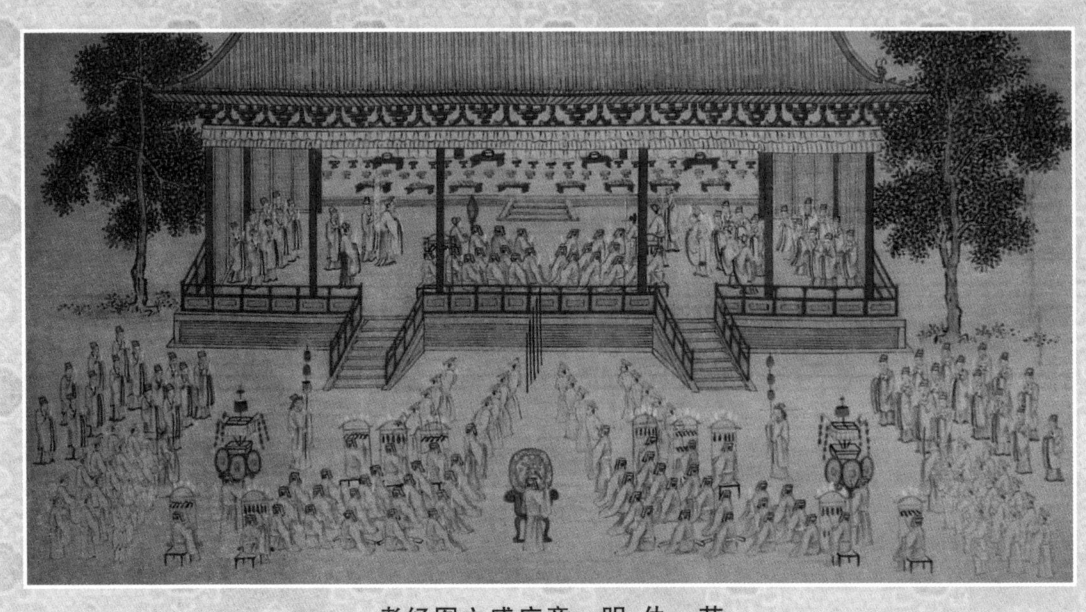

孝经图之感应章　明·仇　英

三才章第七①

sān cái zhāng dì qī

zēng zǐ yuē shèn zāi xiào zhī dà yě zǐ yuē fú xiào tiān zhī jīng yě dì zhī yì yě mín zhī xìng yě tiān dì zhī jīng ér mín shì zé zhī zé tiān zhī míng yīn dì zhī lì yǐ shùn tiān xià shì yǐ qí jiào bú sù ér chéng qí

曾子曰："甚哉②！孝之大也。"子曰："夫孝，天之经也③，地之义也④，民之行也⑤。天地之经，而民是则之⑥。则天之明⑦，因地之利⑧，以顺天下⑨。是以其教不肃而成⑩，其

注释：①**三才**：指天、地、人。②**甚**：很，非常。**哉**：语气词，表示感叹。③**经**：常，指永恒不变的道理和规律。④**义**：合乎道理的法则。⑤**民之行**：意即孝道是人之百行中最根本、最重要的品行。行，品行，行为。⑥**民是则之**：人民因此把这作为法则。是，由此，因此。则，效法。⑦**天之明**：指天空中有规律运行的日月星辰。⑧**因地之利**：充分利用大地的优势。因，凭借。⑨**顺**：治理。⑩**是以**：因此。**肃**：严厉。**成**：成功。

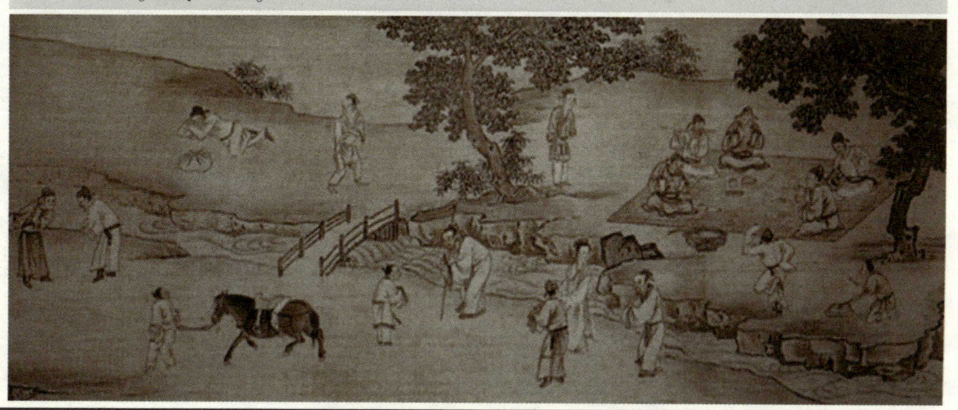

孝经图之三才章 明·仇 英

zhèng bù yán ér zhì　xiān wáng jiàn jiào zhī kě yǐ huà

政不严而治①。先王见教之可以化

mín yě　shì gù xiān zhī yǐ bó ài　ér mín

民也②，是故先之以博爱③，而民

mò yí qí qīn　chén zhī yǐ dé yì　ér mín

莫遗其亲④；陈之以德义⑤，而民

xīng xíng　xiān zhī yǐ jìng ràng　ér mín bù zhēng

兴行⑥；先之以敬让⑦，而民不争；

dǎo zhī yǐ lǐ yuè　ér mín hé mù　shì zhī yǐ

导之以礼乐⑧，而民和睦；示之以

hào wù　ér mín zhī jìn　shī　yún

好恶⑨，而民知禁⑩。《诗》云：

hè hè shī yǐn　mín jù ěr zhān

‘赫赫师尹⑪，民具尔瞻⑫。’”

注释：①**政**：政事。**治**：指天下太平。②**教**：指天地之道。**化民**：感化老百姓。③**先**：指率先实行。**之**：指人民。**博爱**：泛爱众人。④**遗**：遗弃。⑤**陈**：宣扬。**德义**：道德。⑥**兴行**：主动地实行。⑦**敬让**：恭敬而谦让。⑧**导**：引导。**礼**：礼仪规范。**乐**：音乐。⑨**示**：明示，显现。⑩**禁**：禁止。⑪**赫赫**：显耀。**师**：太师。**尹**：尹氏，为太师。⑫**民具尔瞻**：人民都仰视着你。以上二句见于《诗经·小雅·节南山》。

孝经图之三才章　宋·无　款

孝经图之孝治章　南宋·无　款

xiào zhì zhāng dì bā

孝治章第八[1]

zǐ yuē　xī zhě míng wáng zhī yǐ xiào
子曰："昔者明王之以孝
zhì tiān xià yě　bù gǎn yí xiǎo guó zhī chén
治天下也[2]，不敢遗小国之臣[3]，
ér kuàng yú gōng　hóu　bó　zǐ　nán hū　gù
而况于公、侯、伯、子、男乎[4]？故
dé wàn guó zhī huān xīn　yǐ shì qí xiān wáng
得万国之欢心[5]，以事其先王[6]。

zhì guó zhě bù gǎn wǔ yú guān guǎ
"治国者不敢侮于鳏寡[7]，
ér kuàng yú shì mín hū　gù dé bǎi xìng zhī huān
而况于士民乎[8]？故得百姓之欢
xīn　yǐ shì qí xiān jūn　zhì jiā zhě bù gǎn
心，以事其先君。治家者不敢
shī yú chén qiè　ér kuàng yú qī zǐ hū
失于臣妾[9]，而况于妻子乎[10]？

注释：①**孝治：**以孝道治理天下。②**昔者：**从前。**明：**圣明。③**遗：**遗忘。④**公、侯、伯、子、男：**周朝分封诸侯的五等爵位。⑤**万国：**指天下各诸侯国。**欢心：**爱护、拥护之心。⑥**以事其先王：**意指各国诸侯都来参加祭祀先王的典礼。⑦**治国者：**指天子所分封的诸侯。**鳏：**老而无妻。**寡：**老而无夫。⑧**士民：**指士绅和平民。⑨**治家者：**指受禄养亲的卿大夫。**臣妾：**指男女仆役。⑩**妻子：**妻子儿女。

gù dé rén zhī huān xīn，yǐ shì qí qīn
故得人之欢心，以事其亲①。

fú rán，gù shēng zé qīn ān zhī，
“夫然②，故生则亲安之③，

jì zé guǐ xiǎng zhī。shì yǐ tiān xià hé píng，
祭则鬼享之④。是以天下和平，

zāi hài bù shēng，huò luàn bú zuò。gù míng
灾害不生⑤，祸乱不作⑥。故明

wáng zhī yǐ xiào zhì tiān xià yě rú cǐ。
王之以孝治天下也如此。

shī yún：yǒu jué dé xìng，sì guó
《诗》云：‘有觉德行，四国

shùn zhī
顺之⑦。’”

注释：①**亲**：指父母双亲。②**夫然**：如此。夫，發语词。③**生**：活着。**亲**：双亲。**安之**：安定地生活。④**祭**：祭奠。**鬼**：指去世的父母的灵魂。**享之**：享受祭奠。⑤**灾害**：指自然界水、旱、风、雨等灾变。⑥**祸乱**：指人事方面的祸患。⑦**有觉德行，四国顺之**：天子有这样伟大的德行，四方各国都服从他的统治。语出《诗经·大雅·抑》。

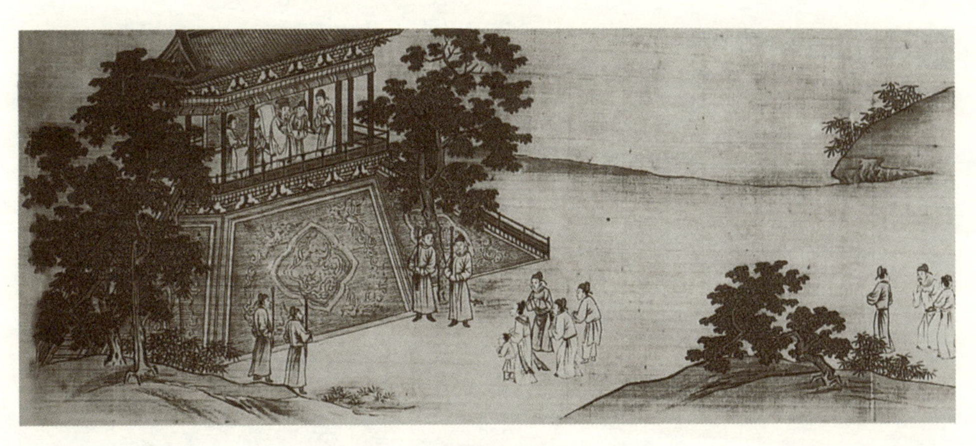

孝经图之孝治章　明·仇　英

圣治章第九①

曾子曰："敢问圣人之德②，无以加于孝乎③？"子曰："天地之性人为贵④。人之行，莫大于孝⑤，孝莫大于严父⑥，严父莫大于配天⑦，则周公其人也⑧。昔者，周公郊祀后稷⑨，以配天；宗祀文王于明堂，以配上帝⑩。是以四海之内，各以其职来祭⑪。

注释：①**圣治**：圣人治理天下。②**敢**：表敬副词，有冒昧的意思。③**加于**：超过。④**性**：生灵。⑤**莫**：没有什么。⑥**严**：尊敬。⑦**配天**：指祭天而附带祭祀先祖。⑧**则周公其人也**：指以父配天的祭礼，是由周公开始的。⑨**郊祀**：古代祭祀天地在郊外。**后稷**：周朝的始祖。⑩**宗祀**：指聚集宗族祭祀。**明堂**：宗庙。**上帝**：天帝。⑪**职**：职位。

fú shèng rén zhī dé yòu hé yǐ jiā yú xiào hū

夫圣人之德，又何以加于孝乎①？

gù qīn shēng zhī xī xià yǐ yǎng fù mǔ rì

故亲生之膝下②，以养父母日

yán shèng rén yīn yán yǐ jiào jìng yīn qīn yǐ

严③。圣人因严以教敬④，因亲以

jiào ài

教爱⑤。

shèng rén zhī jiào bú sù ér chéng qí

“圣人之教，不肃而成⑥，其

zhèng bù yán ér zhì qí suǒ yīn zhě běn yě

政不严而治⑦，其所因者本也⑧。

fù zǐ zhī dào tiān xìng yě jūn chén zhī yì

父子之道⑨，天性也，君臣之义

yě fù mǔ shēng zhī xù mò dà yān jūn

也。父母生之，续莫大焉⑩。君

注释：①**何以：**以何，凭什么。②**亲：**指亲近父母之心。**膝下：**指孩提时代。③**养：**供养，事奉。**日严：**日益尊敬。④**圣人因严以教敬：**指圣人依靠子女对父母尊崇的天性，引导他们敬父母。⑤**因亲以教爱：**根据子女对父母亲近的天性，教导他们爱父母。⑥**圣人之教，不肃而成：**圣人的教化虽然并不严厉但却很有成效。⑦**其政不严而治：**圣人的政令虽然并不苛刻但却能使天下太平。⑧**因：**凭借。**本：**天性，此指孝道。⑨**父子之道：**指父子之间父慈子孝的感情关系。⑩**续：**传宗接代。**焉：**于之，于此。

孝经图之圣治章　明·仇　英

亲临之，厚莫重焉①。故不爱其亲而爱他人者，谓之悖德②；不敬其亲而敬他人者，谓之悖礼。以顺则逆③，民无则焉④。不在于善⑤，而皆在于凶德⑥。虽得之⑦，君子不贵也⑧。君子则不然，言思可道⑨，行思可乐⑩，德义可

注释：①**君亲临之，厚莫重焉**：君王对臣，好比严父对子女，没有比这更厚重的。②**悖德**：违背道德。悖，违背。③**顺**：顺理，合理。**逆**：适得其反。④**则**：法则。⑤**不在于善**：指不行孝道。⑥**凶德**：丑恶的品德。⑦**虽**：即使。⑧**贵**：重视。⑨**言思可道**：君子所说的每一句话都要考虑是否能得到别人的称道。⑩**行思可乐**：君子所做的每一件事都要考虑能否使人感到高兴。

唐尧帝任贤图治　明·《帝鉴图说》

尊，作事可法①，容止可观②，进退可度③，以临其民④。是以其民畏而爱之，则而象之⑤。故能成其德教，而行其政令。《诗》云：'淑人君子，其仪不忒⑥。'"

zūn, zuò shì kě fǎ, róng zhǐ kě guān, jìn tuì kě dù, yǐ lín qí mín. shì yǐ qí mín wèi ér ài zhī, zé ér xiàng zhī. gù néng chéng qí dé jiào, ér xíng qí zhèng lìng. shī yún: shū rén jūn zǐ, qí yí bú tè.

注释： ①**作事可法**：君子所建立的事业要使人能够效法。②**容止可观**：君子的容貌和举止要使人仰慕。③**进退可度**：君子的一进一退都要合乎法度。④**以临其民**：意思是用这样的办法来统治他的臣民。临，统治。⑤**畏而爱之，则而象之**：既敬畏他，又拥戴他，并处处效法他，模仿他。象，模仿，效法。⑥**淑人君子，其仪不忒**：善人君子，他的威仪礼节不会有差错。淑人，有德行的人。仪，仪表，仪容。忒，差错。语出《诗经·曹风·鸤鸠》。

孝经图之圣治章　宋·无　款

jì xiào xìng zhāng dì shí
纪孝行章第十①

zǐ yuē　xiào zǐ zhī shì qīn yě
子曰：“孝子之事亲也，

jū zé zhì qí jìng　yàng zé zhì qí lè
居则致其敬②，养则致其乐③，

bìng zé zhì qí yōu　sāng zé zhì qí āi
病则致其忧④，丧则致其哀⑤，

jì zé zhì qí yán　wǔ zhě bèi yǐ　rán hòu
祭则致其严⑥，五者备矣，然後

注释：①**纪孝行**：讲述孝道的内容及具体事项。②**居则致其敬**：作为一个孝子在日常生活中，要用最敬重的心侍奉父母。居，日常的家庭生活。致，尽，极。③**养则致其乐**：孝子要用最愉悦的心情去服侍自己的父母。养，赡养。乐，欢乐。④**病则致其忧**：孝子在父母生病的时候要用最忧虑的心情去照料他们。⑤**丧则致其哀**：孝子在父母去世时要用最伤痛的心情来料理丧事。丧，指父母去世，办理丧事的时候。⑥**祭则致其严**：孝子在祭奠自己的父母时要用最严肃的态度来追思他们。祭，做祭奠。

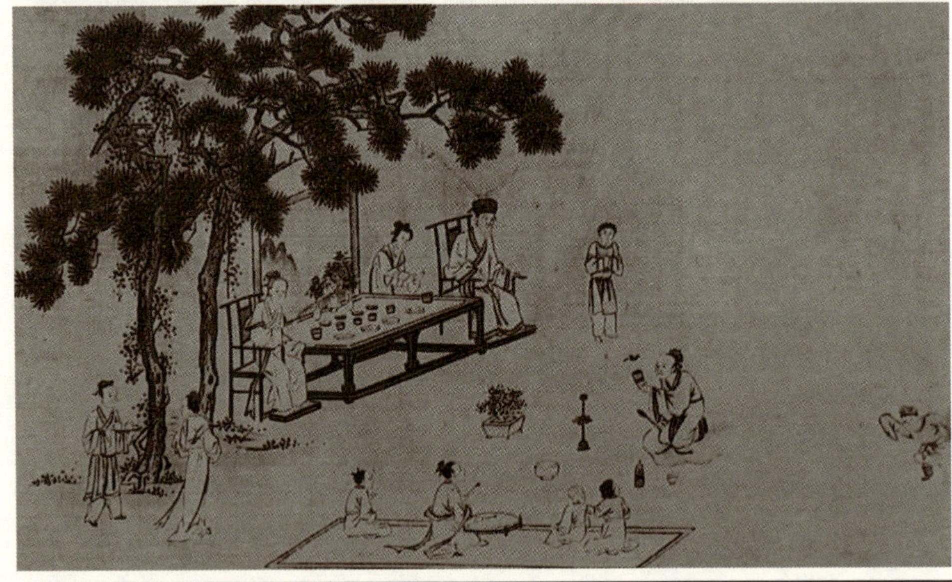

孝经图之纪孝行章　明·仇　英

néng shì qīn　shì qīn zhě，jū shàng bù jiāo，wéi
能事亲。事亲者，居上不骄①，为

xià bú luàn，zài chǒu bù zhēng。jū shàng ér
下不乱②，在丑不争③。居上而

jiāo，zé wáng。wéi xià ér luàn，zé xíng。
骄，则亡。为下而乱，则刑。

zài chǒu ér zhēng，zé bīng。sān zhě bù chú，
在丑而争，则兵④。三者不除，

suī rì yòng sān shēng zhī yǎng，yóu wéi bú xiào
虽日用三牲之养⑤，犹为不孝

yě
也。”

注释：①**居上**：身居高位。②**为下**：身为臣下。**乱**：反逆犯上。③**在丑**：指作为地位低贱的人。④**兵**：指动武。⑤**三牲之养**：用佳肴美味供养父母。**三牲**：指牛、羊、猪。

孝经图之纪孝行章　宋·无　款

孝经图之五刑章　宋·无　款

五刑章第十一①

wǔ xíng zhāng dì shí yī

zǐ yuē　wǔ xíng zhī shǔ sān qiān　ér

子曰："五刑之属三千②，而

zuì mò dà yú bú xiào　yāo jūn zhě wú shàng

罪莫大于不孝③。要君者无上④，

fēi shèng rén zhě wú fǎ　fēi xiào zhě wú qīn

非圣人者无法⑤，非孝者无亲⑥，

cǐ dà luàn zhī dào yě

此大乱之道也⑦。"

注释：①**五刑**：古代五种轻重不同的刑罚。即墨、劓、剕、宫、大辟。墨，在额上刺字後，涂上黑色。劓，割鼻。剕，断足。宫，男阉割，女闭幽宫中。大辟，死刑。②**五刑之属三千**：应当处以五刑的罪有三千条。③**罪莫大于不孝**：在应当处以五刑的三千条罪行中，最严重的是不孝。④**要君者无上**：意思是用武力威胁君王的人目无君王。要，要挟，胁迫。⑤**非圣人者无法**：意思是用言语诋毁圣人的人目无法纪。非，诽谤，诋毁。⑥**非孝者无亲**：意思是反对孝道的人目无父母。⑦**大乱之道**：大乱的根源。道，根源。

孝经图之五刑章　明·仇　英

guǎng yào dào zhāng dì shí èr
广要道章第十二①

zǐ yuē jiào mín qīn ài mò shàn yú xiào jiào mín lǐ shùn mò shàn yú tì

子曰："教民亲爱②，莫善于孝。教民礼顺，莫善于悌③。

yí fēng yì sú mò shàn yú yuè ān shàng zhì mín mò shàn yú lǐ

移风易俗，莫善于乐④。安上治民，莫善于礼⑤。

lǐ zhě jìng ér yǐ yǐ

礼者，敬而已矣⑥。

注释：①**广要道**：从大的范围来阐發孝道。②**教民亲爱**：教育人民相亲相爱。③**教民礼顺，莫善于悌**：教导百姓懂得礼仪，没有比敬爱兄长更好的了。④**移风易俗，莫善于乐**：要想改变民情风俗，没有比用音乐更好的了。乐，指音乐。⑤**安上治民，莫善于礼**：让君主安心，让百姓太平，没有比礼教更好的了。⑥**礼者，敬而已矣**：礼说到底就是一个"敬"字。

孝经图之广要道章　明·仇　英

gù jìng qí fù zé zǐ yuè jìng qí xiōng

故敬其父，则子悦①；敬其兄，

zé dì yuè jìng qí jūn zé chén yuè jìng yì

则弟悦；敬其君，则臣悦；敬一

rén ér qiān wàn rén yuè suǒ jìng zhě guǎ

人，而千万人悦②。所敬者寡，

ér yuè zhě zhòng cǐ zhī wèi yào dào yě

而悦者众，此之谓要道也③。”

注释：①**故敬其父，则子悦：**敬重他的父亲，做儿子的就高兴。悦，高兴，喜欢。②**一人：**指父、兄、君，即受敬之人。**千万人：**指子、弟、臣。千万，形容数量之多。③**所敬者寡，而悦者众，此之谓要道也：**所敬的人少，而高兴的人却很多，这就是所说的要道啊。

孝经图之广要道章　宋·无　款

广至德章第十三[1]

guǎng zhì dé zhāng dì shí sān

zǐ yuē　jūn zǐ zhī jiào yǐ xiào yě

子曰：“君子之教以孝也，

fēi jiā zhì ér rì jiàn zhī yě　jiào yǐ xiào

非家至而日见之也[2]。教以孝，

suǒ yǐ jìng tiān xià zhī wéi rén fù zhě yě　jiào

所以敬天下之为人父者也[3]。教

yǐ tì　suǒ yǐ jìng tiān xià zhī wéi rén xiōng zhě

以悌，所以敬天下之为人兄者

注释：①**广至德**：进一步阐發孝道为“至德”的理由。②**家至**：家家都要走到。**日见**：每天都见面。③**教以孝，所以敬天下之为人父者也**：君子教化人民推行孝道，为的是要人民尊敬天下的父母。

孝经图之广至德章　明·仇　英

yě　jiào yǐ chén　suǒ yǐ jìng tiān xià zhī wéi
也。教以臣，所以敬天下之为
rén jūn zhě yě
人君者也。

shī　yún　kǎi tì jūn zǐ　mín
《诗》云：'恺悌君子，民
zhī fù mǔ　fēi zhì dé　qí shú néng shùn
之父母①。'非至德，其孰能顺
mín rú cǐ qí dà zhě hū
民如此其大者乎②？"

注释： ①**恺悌：** 慈祥和乐。语出《诗经·大雅·泂酌》。恺悌，原文作岂弟。②**非至德，其孰能顺民如此其大者乎：** 没有至高无上的德行，谁能有这样伟大的力量顺应民心呢？

孝经图之广至德章　宋·无　款

元鹤衔珠图　清·《孝经传说图解》

曾参至孝，有元鹤为戈人所射，穷而归之。参收养治疗，疮愈飞去。後鹤夜到门，雌雄各衔双明珠报焉。

广扬名章第十四①

guǎng yáng míng zhāng dì shí sì

zǐ yuē　jūn zǐ zhī shì qīn xiào　gù zhōng kě yí yú jūn　shì xiōng tì　gù shùn kě yí yú zhǎng　jū jiā lǐ　gù zhì kě yí yú guān　shì yǐ xìng chéng yú nèi　ér míng lì yú hòu shì yǐ

子曰："君子之事亲孝，故忠可移于君②；事兄悌，故顺可移于长；居家理，故治可移于官③。是以行成于内④，而名立于後世矣⑤。"

注释：①**广扬名**：进一步阐發行孝和扬名的关系。②**君子之事亲孝，故忠可移于君**：君子侍奉父母能极尽孝道，那么他就能忠诚地侍奉君王。移，转移，感情的转移。③**居家理，故治可移于官**：善于料理家事，就能管理好政事。④**行成于内**：在家中养成了美好的品行。行，指孝、悌、理三种品行。内，家中。⑤**立**：树立。

孝经图之广扬名章　宋·无款

jiàn zhèng zhāng dì shí wǔ
谏诤章第十五①

zēng zǐ yuē　ruò fú cí ài　gōng jìng　ān
曾子曰："若夫慈爱②、恭敬、安
qīn　yáng míng　zé wén mìng yǐ　gǎn wèn zǐ cóng
亲、扬名，则闻命矣③。敢问子从
fù zhī lìng　kě wèi xiào hū
父之令④，可谓孝乎？"

zǐ yuē　shì hé yán yú　shì hé yán
子曰："是何言与⑤？是何言
yú　xī zhě　tiān zǐ yǒu zhèng chén qī rén
与？昔者，天子有争（诤）臣七人⑥，
suī wú dào　bù shī qí tiān xià　zhū hóu yǒu
虽无道，不失其天下⑦；诸侯有

注释：①**谏诤：**对君王、尊长、朋友进行规劝。②**若夫：**句首语气词，用于引起下文。③**闻命：**谦词，表示领会师长的教导。④**从父之令：**听从父母的命令。⑤**是何言与：**这是什么话。是，代词，这。与，同欤，语气词。⑥**争臣：**指能直言谏诤之臣。争，通诤。⑦**虽：**即使。**无道：**没有仁政。

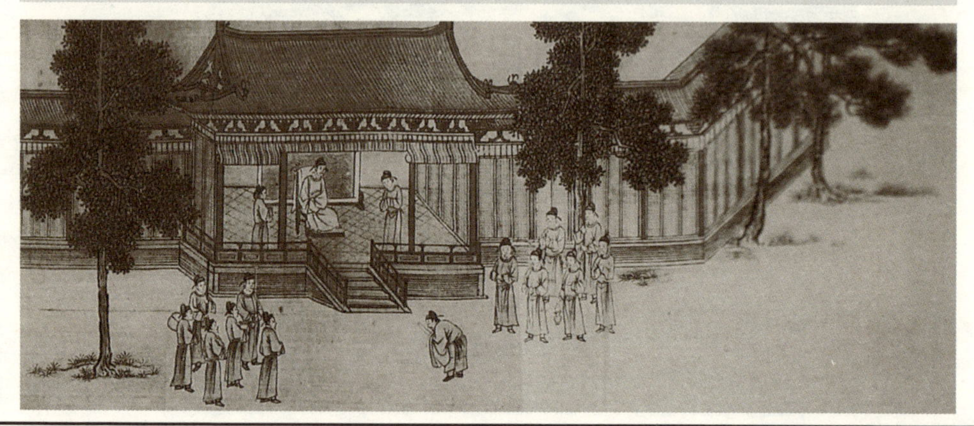

孝经图之谏诤章　明·仇　英

zhèng chén wǔ rén, suī wú dào, bù shī qí guó;
争诤臣五人，虽无道，不失其国；
dà fū yǒu zhèng chén sān rén, suī wú dào, bù shī
大夫有争诤臣三人，虽无道，不失
qí jiā; shì yǒu zhèng yǒu, zé shēn bù lí yú lìng
其家；士有争诤友，则身不离于令
míng; fù yǒu zhèng zǐ, zé shēn bú xiàn yú bú
名①；父有争诤子，则身不陷于不
yì. gù dāng bú yì, zé zǐ bù kě yǐ bú zhèng
义。故当不义，则子不可以不争诤
yú fù, chén bù kě yǐ bú zhèng yú jūn, gù dāng
于父，臣不可以不争诤于君，故当
bú yì zé zhèng zhī. cóng fù zhī lìng, yòu yān dé
不义则争诤之。从父之令，又焉得
wéi xiào hū
为孝乎！

注释：①令名：好的名誉。

孝经图之谏诤章　宋·无　款

gǎn yìng zhāng dì shí liù

感应章第十六[1]

zǐ yuē xī zhě míng wáng shì fù
子曰：“昔者，明王事父

xiào gù shì tiān míng shì mǔ xiào gù
孝，故事天明[2]；事母孝，故

shì dì chá zhǎng yòu shùn gù shàng xià zhì
事地察[3]；长幼顺，故上下治。

tiān dì míng chá shén míng zhāng yǐ gù suī tiān
天地明察，神明彰矣[4]。故虽天

zǐ bì yǒu zūn yě yán yǒu fù yě bì
子，必有尊也，言有父也[5]；必

yǒu xiān yě yán yǒu xiōng yě zōng miào zhì
有先也，言有兄也[6]。宗庙致

jìng bú wàng qīn yě xiū shēn shèn xíng kǒng
敬，不忘亲也[7]。修身慎行，恐

注释：①**感应**：古人认为人间的孝悌行为能使神灵作出相应的反应。②**明王事父孝，故事天明**：明君能够孝顺地侍奉父亲，也就能够虔诚地侍奉天帝。明王，圣明的君主。③**事母孝，故事地察**：能够孝顺地侍奉母亲，也就能够虔诚地侍奉地神。④**天地明察，神明彰矣**：能明察天地降生和孕育万物的道理，也就能获得神明的降福与庇佑。⑤**故虽天子，必有尊也，言有父也**：意思是即使贵为天子，也必定有比他更尊贵的，那就是他的父亲。⑥**必有先也，言有兄也**：必定有比他更先出生的人，那就是他的兄长。⑦**宗庙致敬，不忘亲也**：意思是到宗庙祭祀祖先时要极尽诚敬，这是不敢忘记祖先的恩德。

rǔ xiān yě zōng miào zhì jìng guǐ shén zhù
辱先也①。宗庙致敬，鬼神著

yǐ xiào tì zhī zhì tōng yú shén míng guāng
矣②。孝悌之至，通于神明，光

yú sì hǎi wú suǒ bù tōng shī
于四海，无所不通③。《诗》

yún zì xī zì dōng zì nán zì běi
云：'自西自东，自南自北，

wú sī bù fú
无思不服④。'"

注释： ①**修身慎行，恐辱先也：** 意思是平日里修身养性，谨慎自己的言行，这是惟恐玷污了祖先的英名。修身，指修养身心。慎行，行为小心谨慎。先，先祖。②**宗庙致敬，鬼神著矣：** 意思是祭祀祖先时能极尽敬爱之心，那么鬼神也会显示他的功德。鬼神，即宗庙之祖先。著，明显。③**光于四海，无所不通：** 能推及天下，人人遵从。④**无思不服：** 没有人不肯服从。语出《诗经·大雅·文王有声》。

孝经图之感应章　宋·无　款

孝经图之事君章　宋·无　款

shì jūn zhāng dì shí qī

事君章第十七①

zǐ yuē　　jūn zǐ zhī shì shàng yě

子曰：“君子之事上也，

jìn sī jìn zhōng　　tuì sī bǔ guò　　jiāng shùn

进思尽忠②，退思补过③，将顺

qí měi　　kuāng jiù qí è　　gù shàng xià néng

其美④，匡救其恶⑤，故上下能

xiāng qīn yě　　shī　　yún　　xīn hū ài

相亲也。《诗》云：‘心乎爱

yǐ　　xiá bú wèi yǐ　　zhōng xīn cáng zhī　　hé

矣，遐不谓矣⑥。中心藏之，何

rì wàng zhī

日忘之⑦。’”

注释：①**事君**：侍奉君王。②**进思尽忠**：上朝为国家做事，要竭尽忠心。进，上朝见君，指为朝廷做事。③**退思补过**：回到家里，要反省修身，有没有做错事情。退，回到家里。④**将顺其美**：对于君王的美政，要帮助其推行。将，助。⑤**匡救其恶**：对于君王的过失，也要匡正补救。匡救，扶正补救。⑥**心乎爱矣，遐不谓矣**：尽管心中热爱他，却因为相隔得太远，无法告诉他。遐，远。谓，诉说。⑦**中心藏之，何日忘之**：只要把热爱之情藏在心中，不论何日何时都不会忘记。中心，心中。藏，隐藏。

孝经图之事君章　明·仇　英

孝经图之丧亲章　宋·无　款

sàng qīn zhāng dì shí bā
丧亲章第十八①

zǐ yuē xiào zǐ zhī sàng qīn yě
子曰："孝子之丧亲也，

kū bù yǐ lǐ wú róng yán bù wén
哭不偯②，礼无容③，言不文④。

fú měi bù ān wén yuè bú lè shí zhǐ
服美不安⑤，闻乐不乐⑥，食旨

bù gān cǐ āi qī zhī qíng yě sān
不甘⑦，此哀戚之情也⑧。三

rì ér shí jiào mín wú yǐ sǐ shāng shēng
日而食⑨，教民无以死伤生⑩，

huǐ bú miè xìng cǐ shèng rén zhī zhèng yě
毁不灭性⑪，此圣人之政也。

sāng bú guò sān nián shì mín yǒu zhōng yě
丧不过三年⑫，示民有终也⑬。

注释：①**丧亲：**失去双亲。②**偯：**哭的尾声迤逦委曲，指拖腔拖调。③**礼无容：**指丧亲时，孝子的行为举止不讲究仪容恣态。④**言不文：**指丧亲时，孝子说话不应词藻华丽。文，有文采。⑤**服美不安：**孝子丧亲，穿着华美的衣裳会于内心不安。服美，穿着漂亮的衣裳。⑥**闻乐不乐：**意思是由于心中悲伤，孝子听到音乐也并不感到快乐。⑦**食旨不甘：**即使有美味的食物，孝子因为哀痛也不会觉得好吃。旨，美味。甘，味美，甜。⑧**哀戚：**忧虑，哀伤。⑨**三日而食：**指古时丧礼，父母之丧三天以后，孝子就应该进食。⑩**教民无以死伤生：**这是教导人民不要因父母的丧亡而伤害到自己的身体。⑪**毁不灭性：**虽因哀痛而消瘦，但是不能伤及生命。毁，因哀伤而损坏身体。⑫**丧不过三年：**指守丧之期不可超过三年。⑬**示民有终也：**让人民知道，丧礼是有终结的。终，指礼制上的终结。

wèi zhī guān guǒ yī qīn ér jǔ zhī chén
为之棺、椁、衣、衾而举之①，陈

qí fǔ guǐ ér āi qī zhī pì yǒng kū qì
其簠簋而哀戚之②。擗踊哭泣③，

āi yǐ sòng zhī bǔ qí zhái zhào ér ān cuò
哀以送之④，卜其宅兆⑤，而安措

zhī wèi zhī zōng miào yǐ guǐ xiǎng zhī
之⑥；为之宗庙，以鬼享之⑦；

chūn qiū jì sì yǐ shí sī zhī shēng shì ài
春秋祭祀，以时思之⑧。生事爱

注释：①**棺**：棺材。**椁**：套于棺材外的套棺。**衣**：寿衣。**衾**：覆盖或衬垫尸体用的单被。**举**：举起，抬起，指将遗体放进棺材中。②**陈**：陈列，摆设。**簠簋**：古代祭祀宴享时盛放稻粱黍稷的两种器皿。**戚**：哀伤。③**擗踊**：搥胸顿足，哀痛之极。擗，抚心，搥胸。踊，顿足。④**送**：送葬，出殡。⑤**卜**：占卜，指用占卜的方法选择墓地。**宅**：墓穴。**兆**：陵园。⑥**安措**：安置，指将棺材安放到墓穴中去。⑦**为之宗庙，以鬼享之**：为父母立庙，以祭祀鬼神的礼仪祭奠父母。⑧**春秋祭祀，以时思之**：举行春秋二祭以追念先人。春秋，指春秋两季。

孔子圣迹图之治任别归　明·佚　名

jìng　sǐ shì āi qī　shēng mín zhī běn jìn yǐ
敬，死事哀戚，生民之本尽矣①，

sǐ shēng zhī yì bèi yǐ　xiào zǐ zhī shì qīn
死生之义备矣②，孝子之事亲

zhōng yǐ
终矣③。”

注释：①**生民之本尽矣**：人民就尽到了为人子女应尽的本分。生民，人民。②**死生之义备矣**：养生送死的大义才算是齐全了。③**孝子之事亲终矣**：孝子已经尽到侍奉双亲最终的孝道了。

孝经图之丧亲章　明·仇　英

赤虹化玉图　清·《孝经传说图解》

附：二十四孝

元·郭居敬

周文王问寝视膳图　元·王　恽

子孙和合图　宋·佚　名

yú shùn xiào gǎn dòng tiān
虞舜孝感动天

yú shùn gǔ sǒu zhī zǐ xìng zhì xiào fù wán mǔ xiāo
虞舜，瞽瞍之子。性至孝。父顽，母嚣，
dì xiàng ào shùn gēng yú lì shān yǒu xiàng wèi zhī gēng niǎo wèi zhī
弟象傲。舜耕于历山，有象为之耕，鸟为之
yún qí xiào gǎn rú cǐ dì yáo wén zhī shì yǐ jiǔ nán qì
耘。其孝感如此。帝尧闻之，事以九男，妻
yǐ èr nǚ suì yǐ tiān xià ràng yān
以二女，遂以天下让焉。

duì duì chūn gēng xiàng fēn fēn yún cǎo qín
队队春耕象，纷纷耘草禽。
sì yáo dēng bǎo wèi xiào gǎn dòng tiān xīn
嗣尧登宝位，孝感动天心。

虞舜孝感动天图　清·王　素

仲由为亲负米

周仲由，字子路。家贫，常食藜藿之食，为亲负米百里之外。亲殁，南游于楚，从车百乘，积粟万钟，累茵而坐，列鼎而食，乃叹曰：“虽欲食藜藿，为亲负米，不可得也。”

负米供旨甘，宁辞百里遥。
身荣亲已殁，犹念旧劬劳。

仲由为亲负米图　清·王　素

闵子单衣顺母

周闵损，字子骞，早丧母。父娶後母，生二子，衣以棉絮；妒损，衣以芦花。父令损御车，体寒，失镇。父查知故，欲出後母。损曰："母在一子寒，母去三子单。"母闻，悔改。

闵氏有贤郎，何曾怨晚娘？
尊前贤母在，三子免风霜。

闵子骞单衣顺母图　清·王　素

zēng shēn niè zhǐ xīn tòng

曾参啮指心痛

zhōu zēng shēn zì zǐ yú shì mǔ zhì xiào shēn cháng cǎi xīn

周曾参，字子舆，事母至孝。参尝采薪

shān zhōng jiā yǒu kè zhì mǔ wú cuò wàng shēn bù huán nǎi niè

山中，家有客至。母无措，望参不还，乃啮

qí zhǐ shēn hū xīn tòng fù xīn ér guī guì wèn qí gù mǔ

其指。参忽心痛，负薪而归，跪问其故。母

yuē yǒu jí kè zhì wú niè zhǐ yǐ wù rǔ ěr

曰：“有急客至，吾啮指以悟汝尔。”

mǔ zhǐ cái fāng niè ér xīn tòng bú jìn

母指才方啮，儿心痛不禁。

fù xīn guī wèi wǎn gǔ ròu zhì qíng shēn

负薪归未晚，骨肉至情深。

曾参啮指心痛图　清·王　素

lǎo lái zǐ xì cǎi yú qīn

老莱子戏彩娱亲

zhōu lǎo lái zǐ　zhì xiào　fèng èr qīn　jí qí gān cuì
xíng nián qī shí　yán bù chēng lǎo　cháng zhuó wǔ sè bān lán zhī yī
wéi yīng ér xì yú qīn cè　yòu cháng qǔ shuǐ shàng táng　zhà diē wò
dì　zuò yīng ér tí　yǐ yú qīn yì

周老莱子，至孝，奉二亲，极其甘脆，行年七十，言不称老。常著五色斑斓之衣，为婴儿戏于亲侧。又尝取水上堂，诈跌卧地，作婴儿啼，以娱亲意。

xì wǔ xué jiāo chī　chūn fēng dòng cǎi yī
戏舞学娇痴，春风动彩衣。

shuāng qīn kāi kǒu xiào　xǐ sè mǎn tíng nào
双亲开口笑，喜色满庭闹。

老莱子戏彩娱亲图　清·王　素

shàn zǐ lù rǔ fèng qīn

剡子鹿乳奉亲

zhōu shàn zǐ　xìng zhì xiào　fù mǔ nián lǎo　jù huàn shuāng

yǎn　sī shí lù rǔ　shàn zǐ nǎi yì lù pí　qù shēn shān　rù

lù qún zhī zhōng　qǔ lù rǔ gòng qīn　liè zhě jiàn ér yù shè zhī

shàn zǐ jù yǐ qíng gào　yǐ miǎn

周剡子，性至孝。父母年老，俱患双眼，思食鹿乳。剡子乃衣鹿皮，去深山，入鹿群之中，取鹿乳供亲。猎者见而欲射之。剡子具以情告，以免。

qīn lǎo sī lù rǔ　shēn guà hè máo yī

亲老思鹿乳，身挂褐毛衣。

ruò bù gāo shēng yǔ　shān zhōng dài jiàn guī

若不高声语，山中带箭归。

剡子鹿乳奉亲图　清·王　素

hàn wén dì qīn cháng tāng yào
汉文帝亲尝汤药

qián hàn wén dì míng héng gāo zǔ dì sān zǐ chū fēng dài wáng shēng mǔ bó tài hòu dì fèng yǎng wú dài mǔ cháng bìng sān nián dì mù bù jiāo jié yī bù jiě dài tāng yào fēi kǒu qīn cháng fú jìn rén xiào wén tiān xià

前汉文帝，名恒，高祖第三子，初封代王。生母薄太后，帝奉养无怠。母常病，三年，帝目不交睫，衣不解带，汤药非口亲尝弗进。仁孝闻天下。

rén xiào lín tiān xià wēi wēi guàn bǎi wáng
仁孝临天下，巍巍冠百王。

mò tíng shì xián mǔ tāng yào bì qīn cháng
莫庭事贤母，汤药必亲尝。

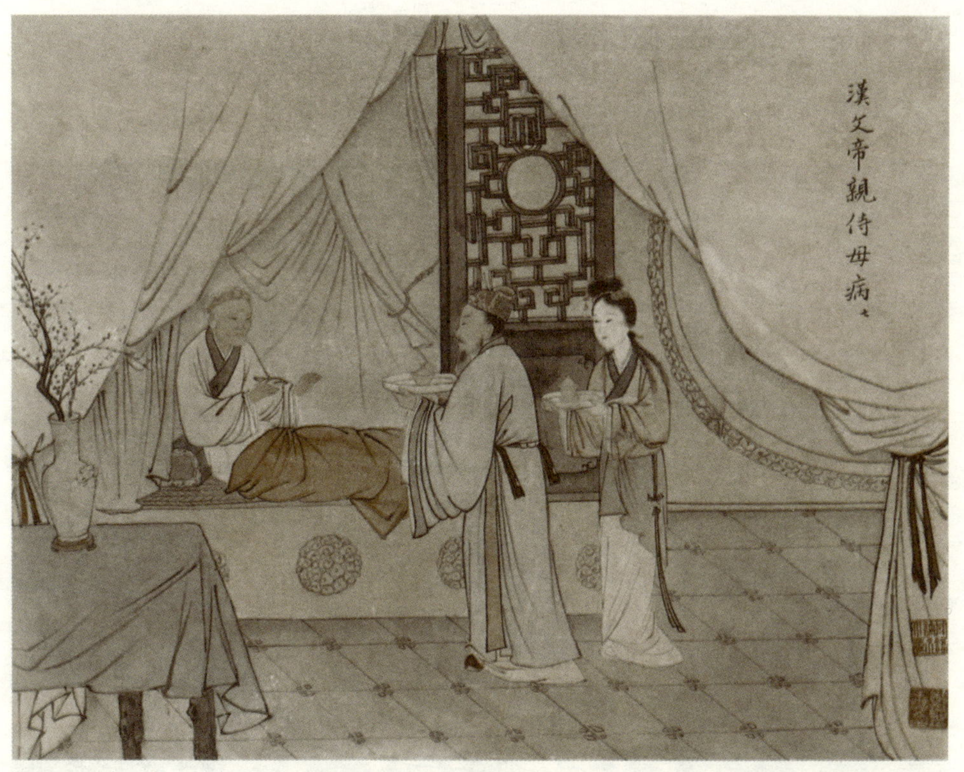

汉文帝亲尝汤药图　清·王　素

郭巨为母埋儿

汉郭巨，家贫。有子三岁，母尝减食与之。巨谓妻曰："贫乏不能供母，子又分母之食，盍埋此子？儿可再有，母不可复得。"妻不敢违。巨遂掘坑三尺馀，忽见黄金一釜，上云："天赐孝子郭巨，官不得取，民不得夺。"

郭巨思供给，埋儿愿母存。
黄金天所赐，光彩照寒门。

郭巨为母埋儿图　清·王　素

江革行佣供母

後汉江革，少失父，独与母居。遭乱，负母逃难。数遇贼，或欲劫将去，革辄泣告有老母在，贼不忍杀。转客下邳，贫穷裸跣，行佣供母。母便身之物，莫不毕给。

负母逃危难，穷途贼犯频。

哀求俱得免，佣力以供亲。

江革行佣供母图　清·王　素

jiāng shī yǒng quán yuè lǐ

姜诗涌泉跃鲤

hàn jiāng shī shì mǔ zhì xiào qī páng shì fèng gū yóu jǐn mǔ xìng hào yǐn jiāng shuǐ qù shè liù qī lǐ qī chū jí yǐ fèng zhī yòu shì yú kuài fū fù cháng zuò yòu bù néng dú shí zhào lín mǔ gòng shí shè cè hū yǒu yǒng quán wèi rú jiāng shuǐ rì yuè shuāng lǐ qǔ yǐ gòng

汉姜诗，事母至孝；妻庞氏，奉姑尤谨。母性好饮江水，去舍六七里，妻出汲以奉之；又嗜鱼脍，夫妇常作；又不能独食，召邻母共食。舍侧忽有涌泉，味如江水，日跃双鲤，取以供。

shè cè gān quán chū yì zhāo shuāng lǐ yú

舍侧甘泉出，一朝双鲤鱼。

zǐ néng shì qí mǔ fù gèng xiào yú gū

子能事其母，妇更孝于姑。

姜诗涌泉跃鲤图　清·王　素

黄香扇枕温衾

後汉黄香，年九岁，失母，思慕惟切，乡人称其孝。躬执勤苦，事父尽孝。夏天暑热，扇凉其枕簟；冬天寒冷，以身暖其被席。太守刘护表而异之。

冬月温衾暖，炎天扇枕凉。

儿童知子职，知古一黄香。

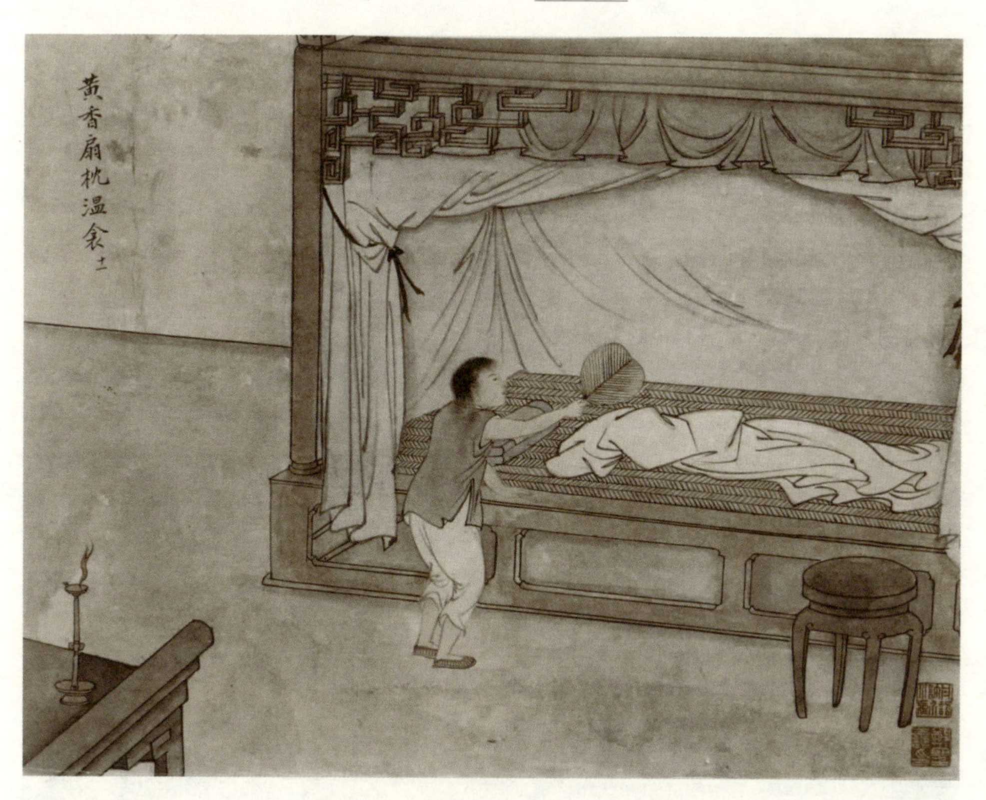

黄香扇枕温衾图　清·王　素

cài shùn shí rèn gòng qīn

蔡顺拾葚供亲

hàn cài shùn shào gū shì mǔ zhì xiào zāo wáng mǎng luàn suì huāng bù jǐ shí sāng rèn yǐ yì qì chéng zhī chì méi zéi jiàn ér wèn zhī shùn yuē hēi zhě fèng mǔ chì zhě zì shí zéi mǐn qí xiào yǐ bái mǐ èr dǒu niú tí yì zhī yǔ zhī

汉蔡顺，少孤，事母至孝。遭王莽乱，岁荒不给，拾桑葚，以异器盛之。赤眉贼见而问之。顺曰："黑者奉母，赤者自食。"贼悯其孝，以白米二斗牛蹄一只与之。

hēi rèn fèng xuān wéi tí jī lèi mǎn yī

黑葚奉萱闱，啼饥泪满衣。

chì méi zhī xiào shùn niú mǐ zèng jūn guī

赤眉知孝顺，牛米赠君归。

蔡顺拾葚供亲图　清·王　素

dǒng yǒng mài shēn zàng fù
董永卖身葬父

hàn dǒng yǒng jiā pín fù sǐ mài shēn dài qián ér zàng

汉董永，家贫。父死，卖身贷钱而葬。

jí qù cháng gōng tú yù yí fù qiú wéi yǒng qī jù zhì zhǔ

及去偿工，途遇一妇，求为永妻。俱至主

jiā lìng zhī jiān sān bǎi pǐ nǎi huí yí yuè wán chéng guī zhì

家，令织缣三百匹，乃回。一月完成，归至

huái yīn huì suǒ suì cí yǒng ér qù

槐阴会所，遂辞永而去。

zàng fù dài kǒng xiōng xiān jī mò shàng féng

葬父贷孔兄，仙姬陌上逢。

zhī jiān cháng zhài zhǔ xiào gǎn dòng cāng qióng

织缣偿债主，孝感动苍穹。

董永卖身葬父图　清·王　素

huáng tíng jiān qīn dí niào qì
黄庭坚亲涤溺器

sòng huáng tíng jiān yuán fú zhōng wéi tài shǐ xìng zhì xiào shēn suī guì xiǎn fèng mǔ jìn chéng měi xī qīn zì wèi mǔ dí niào qì wèi cháng yí kè bú gòng zǐ zhí

宋黄庭坚，元符中为太史，性至孝。身虽贵显，奉母尽诚。每夕，亲自为母涤溺器，未尝一刻不供子职。

guì xiǎn wén tiān xià píng shēng xiào shì qīn
贵显闻天下，平生孝事亲。
qīn zì dí niào qì bú yòng bì qiè rén
亲自涤溺器，不用婢妾人。

黄庭坚亲涤溺器图　清·王　素

lù jì huái jú wèi qīn
陆绩怀橘遗亲

hòu hàn lù jì nián liù suì yú jiǔ jiāng jiàn yuán shù shù
後汉陆绩，年六岁，于九江见袁术。术
chū jú dài zhī jì huái jú èr méi jí guī bài cí duò dì
出橘待之，绩怀橘二枚。及归，拜辞堕地。
shù yuē lù láng zuò bīn kè ér huái jú hū jì guì dá
术曰：“陆郎作宾客而怀橘乎？”绩跪答
yuē wú mǔ xìng zhī suǒ ài yù guī yǐ wèi mǔ shù dà
曰：“吾母性之所爱，欲归以遗母。”术大
qí zhī
奇之。

xiào tì jiē tiān xìng rén jiān liù suì ér
孝悌皆天性，人间六岁儿。
xiù zhōng huái lǜ jú wèi mǔ bào rǔ bǔ
袖中怀绿橘，遗母报乳哺。

陆绩怀橘遗亲图 清·王 素

mèng zōng kū zhú shēng sǔn
孟宗哭竹生笋

jìn mèng zōng shào sàng fù mǔ lǎo bìng dǔ dōng rì sī sǔn zhǔ gēng shí zōng wú jì kě dé nǎi wǎng zhú lín zhōng bào zhú ér qì xiào gǎn tiān dì xū yú dì liè chū sǔn shù jīng chí guī zuò gēng fèng mǔ shí bì bìng yù

晋孟宗，少丧父。母老，病笃，冬日思笋煮羹食。宗无计可得，乃往竹林中，抱竹而泣。孝感天地，须臾，地裂，出笋数茎，持归作羹奉母。食毕，病愈。

lèi dī shuò fēng hán xiāo xiāo zhú shù gān
泪滴朔风寒，萧萧竹数竿。

xū yú dōng sǔn chū tiān yì bào píng ān
须臾冬笋出，天意报平安。

孟宗哭竹生笋图　清·王　素

王裒闻雷泣墓

魏王裒，事亲至孝。母存日，性怕雷，既卒，殡葬于山林。每遇风雨，闻阿香响震之声，即奔至墓所，拜跪泣告曰：“裒在此，母亲勿惧。”

慈母怕闻雷，冰魂宿夜台。

阿香时一震，到墓绕千回。

王裒闻雷泣墓图　清·王　素

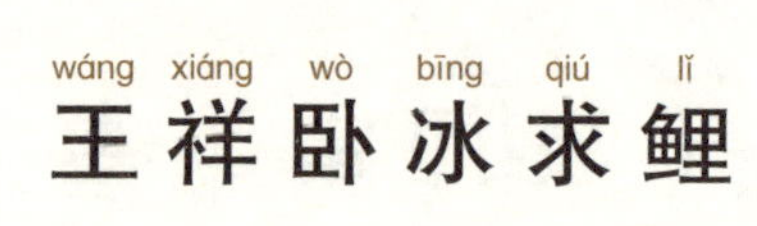

wáng xiáng wò bīng qiú lǐ
王祥卧冰求鲤

jìn wáng xiáng zì xiū zhēng zǎo sàng mǔ jì mǔ zhū shì bù
cí fù qián shuò zèn zhī yóu shì shī ài yú fù mǔ cháng yù shí
shēng yú shí tiān hán bīng dòng xiáng jiě yī wò bīng qiú zhī bīng hū
zì jiě shuāng lǐ yuè chū chí guī gòng mǔ

晋王祥，字休征。早丧母，继母朱氏不慈。父前数谮之，由是失爱于父母。尝欲食生鱼，时天寒冰冻，祥解衣卧冰求之。冰忽自解，双鲤跃出，持归供母。

jì mǔ rén jiān yǒu wáng xiáng tiān xià wú
继母人间有，王祥天下无。

zhì jīn hé shuǐ shàng yí piàn wò bīng mú
至今河水上，一片卧冰模。

王祥卧冰求鲤图 清·王 素

吴猛恣蚊饱血
wú měng zì wén bǎo xuè

晋吴猛，年八岁，事亲至孝。家贫，榻无帷帐，每夏夜，蚊多攒肤。恣渠膏血之饱，虽多，不驱之，恐去己而噬其亲也。爱亲之心至矣。

jìn wú měng，nián bā suì，shì qīn zhì xiào。jiā pín，tà wú wéi zhàng，měi xià yè，wén duō cuán fū。zì qú gāo xuè zhī bǎo，suī duō，bù qū zhī，kǒng qù jǐ ér shì qí qīn yě。ài qīn zhī xīn zhì yǐ。

夏夜无帷帐，蚊多不敢挥。
xià yè wú wéi zhàng，wén duō bù gǎn huī。

恣渠膏血饱，免使入亲帏。
zì qú gāo xuè bǎo，miǎn shǐ rù qīn wéi。

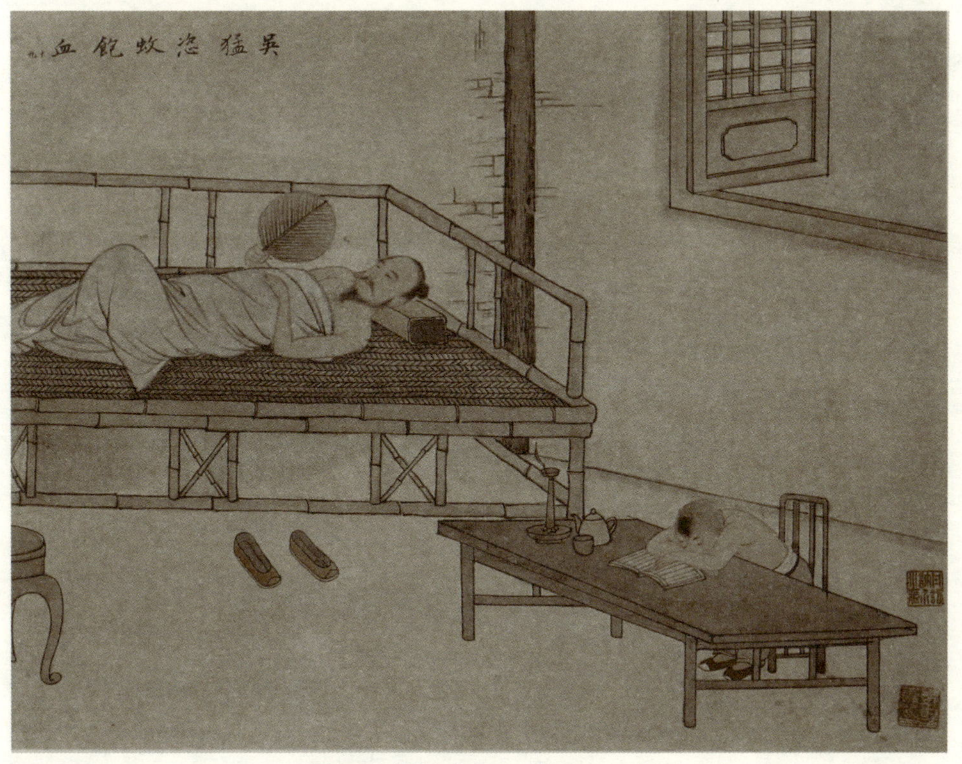

吴猛恣蚊饱血图　清·王　素

二十四孝

yáng xiāng è hǔ jiù fù

杨香扼虎救父

jìn yáng xiāng nián shí sì suì cháng suí fù fēng wǎng tián huò jié sù fù wéi hǔ zhuài qù shí xiāng shǒu wú cùn tiě wéi zhī yǒu fù ér bù zhī yǒu shēn yǒng yuè xiàng qián è chí hǔ jǐng hǔ yì mǐ rán ér shì fù zǐ dé miǎn yú hài

晋杨香，年十四岁，尝随父丰往田获粟，父为虎拽去。时香手无寸铁，惟知有父而不知有身，踊跃向前，扼持虎颈，虎亦靡然而逝，父子得免于害。

shēn shān féng bái hǔ nǔ lì bó xīng fēng

深山逢白虎，努力搏腥风。

fù zǐ jù wú yàng tuō lí chán kǒu zhōng

父子俱无恙，脱离馋口中。

杨香扼虎救父图　清·王　素

dīng lán kè mù shì qīn

丁兰刻木事亲

hàn dīng lán yòu sàng fù mǔ wèi dé fèng yǎng ér sī niàn
汉丁兰，幼丧父母，未得奉养，而思念
qú láo zhī yīn kè mù wéi xiàng shì zhī rú shēng qí qī jiǔ ér
劬劳之因，刻木为像，事之如生。其妻久而
bú jìng yǐ zhēn xì cì qí zhǐ xuè chū mù xiàng jiàn lán yǎn zhōng chuí
不敬，以针戏刺其指，血出。木像见兰，眼中垂
lèi lán wèn dé qí qíng suì jiāng qī qì zhī
泪。兰问得其情，遂将妻弃之。

kè mù wéi fù mǔ xíng róng zài rì shí
刻木为父母，形容在日时。
jì yán zhū zǐ zhí gè yào xiào qīn wéi
寄言诸子侄，各要孝亲闱。

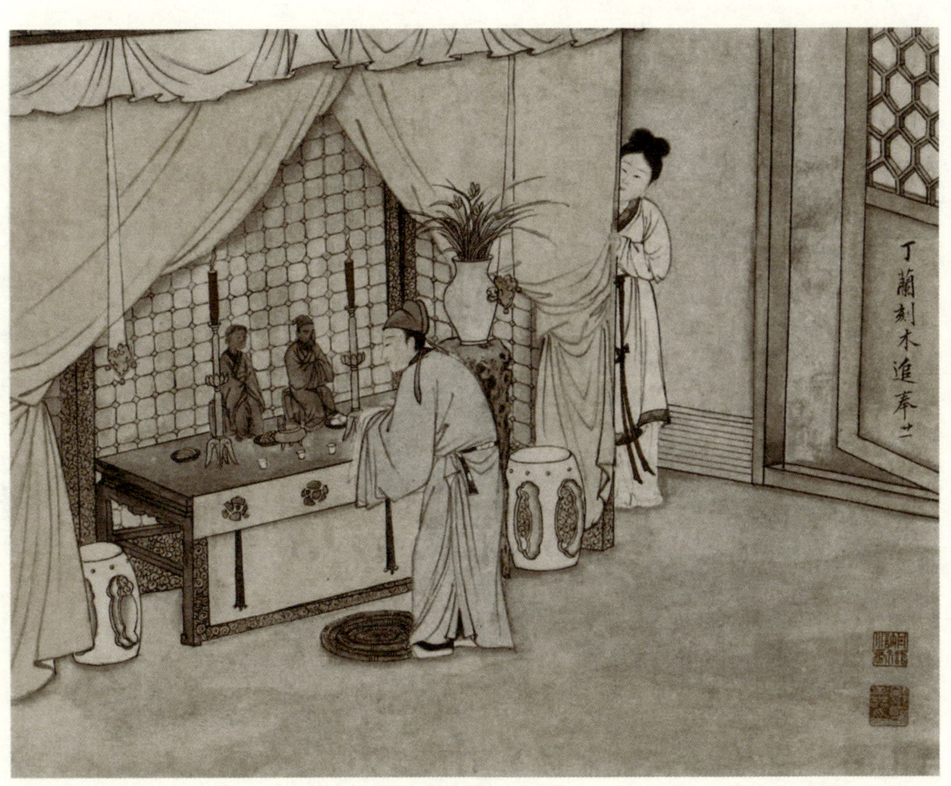

丁兰刻木事亲图　清·王　素

唐夫人乳姑不怠

唐崔山南曾祖母长孙夫人，年高无齿。祖母唐夫人，每日栉洗，升堂乳其姑，姑不粒食，数年而康。一日病，长幼咸集，乃宣言曰：“无以报新妇恩，愿子孙妇如新妇孝敬足矣。”

孝敬崔家妇，乳姑晨盥洗。
此恩无以报，愿得子孙如。

唐夫人乳姑不怠图　清·王　素

zhū shòu chāng qì guān xún mǔ
朱寿昌弃官寻母

sòng zhū shòu chāng nián qī suì shēng mǔ liú shì wéi dí mǔ
宋朱寿昌，年七岁，生母刘氏，为嫡母
suǒ dù chū jià mǔ zǐ bù xiāng jiàn zhě wǔ shí nián shén zōng
所妒，出嫁。母子不相见者五十年。神宗
cháo qì guān rù qín yǔ jiā rén jué shì bú jiàn mǔ bú fù huán
朝，弃官入秦，与家人决，誓不见母不复还。
hòu xíng cì tóng zhōu dé zhī shí mǔ nián qī shí yú yǐ
後行次同州，得之，时母年七十馀矣。

qī suì shēng lí mǔ shēn shāng wǔ shí nián
七岁生离母，参商五十年。
yì zhāo xiāng jiàn miàn xǐ qì dòng huáng tiān
一朝相见面，喜气动皇天。

朱寿昌弃官寻母图 清·王 素

yǔ qián lóu cháng fèn xīn yōu

庾黔娄尝粪心忧

nán qí yǔ qián lóu wéi càn líng lìng dào xiàn wèi xún rì hū xīn jīng hán liú jí qì guān guī shí fù jí shǐ èr rì yī yuē yù zhī chài jù dàn cháng fèn kǔ zé jiā qián lóu cháng zhī tián xīn shèn yōu zhī zhì xī qǐ sǎng běi chén qiú yǐ shēn dài fù sǐ

南齐庾黔娄，为孱陵令。到县未旬日，忽心惊汗流，即弃官归。时父疾始二日，医曰：“欲知瘥剧，但尝粪苦则佳。”黔娄尝之甜，心甚忧之。至夕，稽颡北辰求以身代父死。

dào xiàn wèi xún rì chūn tíng yí jí shēn

到县未旬日，椿庭遗疾深。

yuàn jiāng shēn dài sǐ běi wàng qǐ yōu xīn

愿将身代死，北望起忧心。

庾黔娄尝粪忧心图　清·王　素

弟子规

清·李毓秀　著

贤母图　清·康涛

孟母斷機教子圖

鄒孟軻之母也號孟母其舍近墓孟子之少也嬉遊為墓間之事踴躍築埋孟母曰此非吾所以居處子乃去舍市傍其嬉戲為賈人衒賣之事孟母又曰此非吾所以居處子也復徙舍學宮之傍其嬉遊乃設俎豆揖讓進退孟母曰真可以居吾子矣遂居之至童稚既學而歸孟母方織問曰學所至矣孟子曰自若也孟母以刀斷其織孟子懼而問其故孟母曰子之廢學若吾斷斯織也夫君子學以立名問則廣知是以居則安寧動則遠害今而廢之是不免於廝役而無以離于禍患也何以異於織績而食中道廢而不為寧能衣其夫子而長不乏糧食哉女則廢其所食男則墮於修德不為竊盜則為虜役矣孟子懼旦夕勤學不息師事子思遂成天下之名儒千古之亞聖君子謂孟母知為人母之道矣詩云彼姝者子何以告之此之謂也昔

乾隆二十八年歲次昭陽協洽皋月既濟生畫於西子湖頭讀畫樓并識

孟母断机教子图　清·康涛

zǒng xù
总　叙

dì zǐ guī　shèng rén xùn
弟子规，圣人训：①

shǒu xiào tì　cì jǐn xìn
首孝弟，次谨信。②

fàn ài zhòng　ér qīn rén
泛爱众，而亲仁。③

yǒu yú lì　zé xué wén
有馀力，则学文。④

注释：本书以巴山退士据绛州李子潜原本所编《弟子规便蒙浅解》（收录于曲邑经义堂邓存板《启蒙图说》）为底本。《启蒙图说》一书1905年编成并刊刻刷印，由口镇（在今山东省莱芜市莱城区）文升堂于戊午年（1922年）春月石印。①**弟子：**指学生。**规：**指做人的道理和规范。**圣人：**指的是至圣先师孔夫子。**训：**教诲。②**孝：**孝敬父母。**弟：**通“悌”，尊重兄长。**谨信：**谨慎诚实。③**泛爱：**博爱。**泛：**广泛。**亲仁：**亲近仁德的人。④**文：**指文化典籍。

圣迹图之退修诗书　明·佚　名

连生贵子图　清·冷　枚

rù zé xiào
入则孝①

fù mǔ hū yìng wù huǎn
父母呼，应勿缓；②

fù mǔ mìng xíng wù lǎn
父母命，行勿懒；

fù mǔ jiào xū jìng tīng
父母教，须敬听；

fù mǔ zé xū shùn chéng
父母责，须顺承。③

dōng zé wēn xià zé qìng
冬则温，夏则清；④

chén zé xǐng hūn zé dìng
晨则省，昏则定。⑤

chū bì gào fǎn bì miàn
出必告，反必面；⑥

jū yǒu cháng yè wú biàn
居有常，业无变。⑦

shì suī xiǎo wù shàn wéi
事虽小，勿擅为；⑧

注释：①**入**：指进到父母跟前。②**呼**：呼唤。**应**：答应。**缓**：迟缓。③**顺承**：恭顺承受。④**温**：温暖。**清**：凉。⑤**省**：请安。**定**：安稳，指侍候父母安睡。⑥**告**：禀告。**反**：同“返”。**面**：面见父母，指问候。⑦**居**：居住。**常**：固定。**业**：职业，事业。⑧**虽**：即使。**擅**：擅自。

gǒu shàn wéi，zǐ dào kuī

苟擅为，子道亏。①

wù suī xiǎo，wù sī cáng

物虽小，勿私藏；

gǒu sī cáng，qīn xīn shāng

苟私藏，亲心伤。②

qīn suǒ hào，lì wèi jù

亲所好，力为具；③

qīn suǒ wù，jǐn wèi qù

亲所恶，谨为去。④

shēn yǒu shāng，yí qīn yōu

身有伤，贻亲忧；⑤

dé yǒu shāng，yí qīn xiū

德有伤，贻亲羞。⑥

qīn ài wǒ，xiào hé nán

亲爱我，孝何难；⑦

qīn wù wǒ，xiào fāng xián

亲恶我，孝方贤。⑧

qīn yǒu guò，jiàn shǐ gēng

亲有过，谏使更，⑨

yí wú sè，róu wú shēng

怡吾色，柔吾声。⑩

jiàn bú rù，yuè fù jiàn

谏不入，悦复谏，⑪

注释：①**苟：**如果。**亏：**缺陷、不完美。②**亲：**指父母双亲。③**力：**尽心尽力。**具：**（为他们）准备。④**谨：**谨慎。**去：**排遣，排除。⑤**贻：**留给，带给。⑥**羞：**羞愧，丢脸。⑦**孝：**指向父母尽孝心。⑧**孝方贤：**指仍能做到孝才是真孝。⑨**谏使更：**指进行规劝使父母纠正过错。⑩**怡吾色，柔吾声：**指规劝时要和颜悦色，说话声音要温和。怡，和气。⑪**悦：**和颜悦色。

háo qì suí，tà wú yuàn
号泣随，挞无怨。①

qīn yǒu jí，yào xiān cháng
亲有疾，药先尝，

zhòu yè shì，bù lí chuáng
昼夜侍，不离床。

sāng sān nián，cháng bēi yè
丧三年，常悲咽，

jū chù biàn，jiǔ ròu jué
居处辨，酒肉绝。②

sāng jìn lǐ，jì jìn chéng
丧尽礼，祭尽诚，

shì sǐ zhě，rú shì shēng
事死者，如事生。③

注释：①**号泣随：**指要哭叫着予以规劝。**挞：**用鞭、棍抽打。②**辨：**辨别，选择。这里指守丧期间要选择适当的住处。《仪礼》规定，三年守丧期间，要住庐棚，铺干草，枕土块。③**事：**侍奉。

丁兰刻木事亲图　清·王　素

汉和帝亲爱图　元·王　恽

chū zé tì
出则弟①

xiōng dào yǒu, dì dào gōng,
兄道友，弟道恭，②
xiōng dì mù, xiào zài zhōng.
兄弟睦，孝在中。
cái wù qīng, yuàn hé shēng?
财物轻，怨何生？③
yán yǔ rěn, fèn zì mǐn.
言语忍，忿自泯。④
huò yǐn shí, huò zuò zǒu,
或饮食，或坐走，
zhǎng zhě xiān, yòu zhě hòu.
长者先，幼者後。
zhǎng hū rén, jí dài jiào,
长呼人，即代叫，⑤
rén bú zài, jǐ jí dào.
人不在，己即到。
chēng zūn zhǎng, wù hū míng;
称尊长，勿呼名；

注释：①**出**：指走出自己的房子。**弟**：通“悌”。②**友**：友爱。**恭**：恭敬。③**轻**：看轻。④**忿**：怨恨。⑤**呼人**：叫人，找人。**代叫**：代长辈或年长者去叫人。

duì zūn zhǎng，wù xiàn néng

对尊长，勿见能。①

lù yù zhǎng，jí qū yī

路遇长，疾趋揖，②

zhǎng wú yán，tuì gōng lì

长无言，退恭立。

qí xià mǎ，chéng xià chē

骑下马，乘下车，③

guò yóu dài，bǎi bù yú

过犹待，百步馀。

zhǎng zhě lì，yòu wù zuò

长者立，幼勿坐；

zhǎng zhě zuò，mìng nǎi zuò

长者坐，命乃坐。④

zūn zhǎng qián，shēng yào dī

尊长前，声要低，

注释：①**见能**：显能。见，通“现”，显露。②**疾趋揖**：立即迎上前去行礼。③**车**：此处“车”读音，一般读 chē；但要与下面“馀”押韵的话，则可读 jū。④**命乃坐**：命令坐下时才能坐下。

窦燕山教子图·杨柳青木版年画

dī bù wén　què fēi yí
低不闻，却非宜。①

jìn bì qū　tuì bì chí
进必趋，退必迟，②

wèn qǐ duì　shì wù yí
问起对，视勿移。

shì zhū fù　rú shì fù
事诸父，如事父；③

shì zhū xiōng　rú shì xiōng
事诸兄，如事兄。④

注释：①**不闻：**听不到。**非宜：**不适合。②**趋：**快步上前。③**诸父：**指叔父、伯父等父辈尊长。④**诸兄：**指堂兄、表兄等平辈的兄长。

双龙传图·杨柳青木版年画

唐太子隆基释奠国学图　元·王　恽

jǐn 谨

zhāo qǐ zǎo, yè mián chí,
朝起早，夜眠迟，

lǎo yì zhì, xī cǐ shí。
老易至，惜此时。

chén bì guàn, jiān shù kǒu,
晨必盥①，兼漱口，

biàn niào huí, zhé jìng shǒu。
便溺回②，辄净手。

guān bì zhèng, niǔ bì jié,
冠必正③，纽必结，

wà yǔ lǚ, jù jǐn qiè。
袜与履④，俱紧切。

zhì guān fú, yǒu dìng wèi,
置冠服⑤，有定位，

wù luàn dùn, zhì wū huì。
勿乱顿⑥，致污秽。

yī guì jié, bú guì huá,
衣贵洁，不贵华⑦，

注释：①**盥**：洗脸洗手。②**便溺**：指大小便。**溺**：古“尿”字。**辄**：就要。**净手**：指洗手。③**冠**：帽子。**纽**：纽扣。④**履**：鞋。**俱紧切**：指都要穿好。⑤**置**：放置。**有定位**：有固定的位置。⑥**乱顿**：乱放。顿，安顿，放置。⑦**华**：华丽。

shàng xún fèn　xià chèn jiā
上循分，下称家。①

duì yǐn shí　wù jiǎn zé
对饮食，勿拣择，

shí shì kě　wù guò zé
食适可，勿过则。②

nián fāng shào　wù yǐn jiǔ
年方少，勿饮酒，

yǐn jiǔ zuì　zuì wéi chǒu
饮酒醉，最为丑。

bù cōng róng　lì duān zhèng
步从容，立端正，

yī shēn yuán　bài gōng jìng
揖深圆，拜恭敬。③

注释：①**上循分：**当官的穿衣服要遵循自己的名分。**下称家：**老百姓穿衣服要与家庭的地位条件相称。②**过则：**指过量。则，准则。③**揖：**作揖打拱。**深圆：**旧时对作揖打拱要求曲身，低头，两手圆拱。

琴棋书画图·杨柳青木版年画

wù jiàn yù　wù bì yǐ
勿践阈，勿跛倚，①

wù jī jù　wù yáo bì
勿箕踞，勿摇髀。②

huǎn jiē lián　wù yǒu shēng
缓揭帘，勿有声；

kuān zhuǎn wān　wù chù léng
宽转弯，勿触棱。③

zhí xū qì　rú zhí yíng
执虚器，如执盈；④

rù xū shì　rú yǒu rén
入虚室，如有人。⑤

shì wù máng　máng duō cuò
事勿忙，忙多错；⑥

wù wèi nán　wù qīng lüè
勿畏难，勿轻略。⑦

dòu nào chǎng　jué wù jìn
斗闹场，绝勿近；

xié pì shì　jué wù wèn
邪僻事，绝勿问。⑧

jiāng rù mén　wèn shú cún
将入门，问孰存；⑨

注释：①**践**：踩，踏。**阈**：门槛。**跛倚**：指斜着身子弯着腿靠在墙上或其他物体器具上。②**箕**：簸箕，这里指八字形。**踞**：蹲或坐。这句意为不要在蹲、坐时把腿叉开成八字形。**摇髀**：摇晃大腿。③**棱**：指有棱角的东西。④**虚器**：空的器具。**盈**：满。指盛满东西的器具。⑤**虚室**：空房，无人的房间。⑥**忙**：指忙乱、着急。⑦**轻略**：指草率行事，粗枝大叶。⑧**邪僻事**：指不正当、不合乎礼的坏事、怪事。⑨**孰存**：谁在房子里。孰，谁。

jiāng shàng táng　shēng bì yáng
将上堂，声必扬。①

rén wèn shuí　duì yǐ míng
人问谁，对以名，

wú yǔ wǒ　bù fēn míng
吾与我，不分明。②

yòng rén wù　xū míng qiú
用人物，须明求，③

tǎng bú wèn　jí wéi tōu
倘不问，即为偷。

jiè rén wù　jí shí huán
借人物，及时还；

rén jiè wù　yǒu wù qiān
人借物，有勿悭。④

注释：①**堂**：指堂屋。**扬**：升高。②**吾与我，不分明**：意为不要回答“吾”或“我”，因为这样主人分不清来者究竟是谁。③**人物**：别人的东西。**明求**：公开、当面提出请求。④**悭**：吝啬，小气。此字，读起来与上面的“还”不大押韵。保留不少古音的粤语读音类似 han，明显押韵。有的版本，此句作“借不难”，则完全押韵。

渔樵耕读图·杨柳青木版年画

齐宣王易牛图　元·王　恽

xìn
信①

fán chū yán　xìn wéi xiān
凡出言，信为先，

zhà yǔ wàng　xī kě yān
诈与妄，奚可焉？②

huà shuō duō　bù rú shǎo
话说多，不如少，

wéi qí shì　wù nìng qiǎo
惟其是，勿佞巧。

kè bó yǔ　huì wū cí
刻薄语，秽污词，

shì jǐng qì　qiè jiè zhī
市井气，切戒之。③

jiàn wèi zhēn　wù qīng yán
见未真，勿轻言；④

zhī wèi dí　wù qīng chuán
知未的，勿轻传。⑤

shì fēi yí　wù qīng nuò
事非宜，勿轻诺，⑥

gǒu qīng nuò　jìn tuì cuò
苟轻诺，进退错。

注释：①**信：**信用。②**妄：**胡说，胡作非为。**奚：**怎么。**焉：**表示疑问的语气词。③**市井气：**指市侩习气。④**见未真：**看到的、了解到的不真实。**轻言：**随便对人讲。⑤**的：**明，确切，真实。⑥**宜：**适宜。**诺：**答应，同意。

fán dào zì　zhòng qiě shū
凡道字，重且舒，①
wù jí jí　wù mó hu
勿急疾，勿模糊。②
bǐ shuō cháng　cǐ shuō duǎn
彼说长，此说短，
bù guān jǐ　mò xián guǎn
不关己，莫闲管。
jiàn rén shàn　jí sī qí
见人善，即思齐，③
zòng qù yuǎn　yǐ jiàn jī
纵去远，以渐跻。④
jiàn rén è　jí nèi xǐng
见人恶，即内省，⑤
yǒu zé gǎi　wú jiā jǐng
有则改，无加警。⑥

注释：①**道字**：说话，吐字。**重且舒**：指声音要响亮，而且速度要慢。②**疾**：急促。此字，收入《清麓丛书续编·蒙养书九种》的《弟子规》作“遽”。从与“舒”、“糊”押韵角度看，作“遽”也有合理之处。③**齐**：看齐，学习。④**去**：距离。**跻**：升，登。⑤**省**：反省，检查。⑥**加警**：加以警惕。

谎言无益图·杨柳青木版年画

wéi dé xué，wéi cái yì，
唯德学，唯才艺，
bù rú rén，dāng zì lì。
不如人，当自励。
ruò yī fu，ruò yǐn shí，
若衣服，若饮食，
bù rú rén，wù shēng qī。
不如人，勿生戚①。
wén guò nù，wén yù lè，
闻过怒，闻誉乐，
sǔn yǒu lái，yì yǒu què。
损友来，益友却②。
wén yù kǒng，wén guò xīn，
闻誉恐，闻过欣③，
zhí liàng shì，jiàn xiāng qīn。
直谅士，渐相亲④。
wú xīn fēi，míng wéi cuò；
无心非，名为错⑤；
yǒu xīn fēi，míng wéi è。
有心非，名为恶。
guò néng gǎi，guī yú wú；
过能改，归于无；
tǎng yǎn shì，zēng yì gū。
倘掩饰，增一辜⑥。

注释：①**戚**：悲伤，忧愁。②**损友**：指对自己有损害的朋友。**益友**：指对自己有帮助的朋友。**却**：推辞，避开。③**誉**：赞扬。④**直谅士**：正直诚实的人。⑤**非**：做了坏事。⑥**增一辜**：指错上加错。辜，罪过。

唐明皇宴京师侍老图　元·王　恽

fàn ài zhòng, ér qīn rén
泛爱众，而亲仁

fán shì rén, jiē xū ài,
凡是人，皆须爱，

tiān tóng fù, dì tóng zài。①
天同覆，地同载。①

xìng gāo zhě, míng zì gāo,
行高者，名自高，②

rén suǒ zhòng, fēi mào gāo。
人所重，非貌高。③

cái dà zhě, wàng zì dà,
才大者，望自大，④

rén suǒ fú, fēi yán dà。
人所服，非言大。⑤

jǐ yǒu néng, wù zì sī;
己有能，勿自私；

rén suǒ néng, wù qīng zǐ。
人所能，勿轻訾。⑥

wù chǎn fù, wù jiāo pín,
勿谄富，勿骄贫，⑦

wù yàn gù, wù xǐ xīn。
勿厌故，勿喜新。⑧

注释：①**覆**：覆盖。②**行高**：品行高尚。**名**：名望。③**貌高**：相貌好。④**望自大**：名望自然大。⑤**言大**：说大话。⑥**訾**：毁，毁谤，非议。⑦**谄富**：指羡慕富人，向富人谄媚。**骄贫**：指看不起穷人，对穷人傲慢无礼。⑧**故**：旧。

rén bù xián　wù shì jiǎo
人不闲，勿事搅；①

rén bù ān　wù huà rǎo
人不安，勿话扰。

rén yǒu duǎn　qiè mò jiē
人有短，切莫揭；

rén yǒu sī　qiè mò shuō
人有私，切莫说。②

dào rén shàn　jí shì shàn
道人善，即是善，③

rén zhī zhī　yù sī miǎn
人知之，愈思勉。④

yáng rén è　jí shì è
扬人恶，即是恶，

jí zhī shèn　huò qiě zuò
疾之甚，祸且作。⑤

注释：①**事搅**：用事情打搅。②**私**：隐私。指见不得人的事。③**道**：说。**即是善**：这本身就是一件好事。④**勉**：鼓励。⑤**疾**：仇恨。**作**：發生。

历朝贤后故事册之教训诸王　清·焦秉贞

shàn xiāng quàn, dé jiē jiàn;
善相劝，德皆建；

guò bù guī, dào liǎng kuī.
过不规，道两亏。

fán qǔ yǔ, guì fēn xiǎo,
凡取与，贵分晓，①

yǔ yí duō, qǔ yí shǎo.
与宜多，取宜少。

jiāng jiā rén, xiān wèn jǐ,
将加人，先问己，②

jǐ bú yù, jí sù yǐ.
己不欲，即速已。③

ēn yù bào, yuàn yù wàng,
恩欲报，怨欲忘，

bào yuàn duǎn, bào ēn cháng.
报怨短，报恩长。

dài bì pú, shēn guì duān,
待婢仆，身贵端，④

suī guì duān, cí ér kuān.
虽贵端，慈而宽。⑤

shì fú rén, xīn bù rán,
势服人，心不然，⑥

lǐ fú rén, fāng wú yán.
理服人，方无言。

注释：①**取**：拿人家的东西。**与**：给人家东西。**贵分晓**：贵在区分清楚。②**加**：施及。③**已**：停止。④**贵端**：以品行端正、态度端正为贵。⑤**慈而宽**：仁慈而宽厚。⑥**不然**：不服。

唐元宗友悌图　元·王　恽

亲仁

同是人，类不齐；①
流俗众，仁者稀。②
果仁者，人多畏；③
言不讳，色不媚。④
能亲仁，无限好，
德日进，过日少。⑤
不亲仁，无限害，
小人进，百事坏。⑥

注释：①**类**：品类、等级。②**流俗**：指世间平庸的人。**众**：多。**希**：同"稀"，少。③**果**：真。**畏**：敬畏。④**言不讳，色不媚**：指仁者说话直言不讳，态度不逢迎谄媚。⑤**日进**：一天比一天长进。**日少**：一天比一天减少。⑥**小人**：指行为不正派的人。**进**：亲近，包围。

溪亭松鹤图 清·王翚

闭户著书图 清·沈颢

馀力学文
yú lì xué wén

bú lì xíng　dàn xué wén
不力行，但学文，①
zhǎng fú huá　chéng hé rén
长浮华，成何人。②
dàn lì xíng　bù xué wén
但力行，不学文，
rèn jǐ jiàn　mèi lǐ zhēn
任己见，昧理真。③
dú shū fǎ　yǒu sān dào
读书法，有三到，
xīn yǎn kǒu　xìn jiē yào
心眼口，信皆要。④
fāng dú cǐ　wù mù bǐ
方读此，勿慕彼，
cǐ wèi zhōng　bǐ wù qǐ
此未终，彼勿起。
kuān wéi xiàn　jǐn yòng gōng
宽为限，紧用功，⑤
gōng fū dào　zhì sè tōng
工夫到，滞塞通。⑥

注释：①**力行**：努力去实践。**但**：只，仅仅。②**浮华**：表面华丽而不实际。③**昧**：无知，不明白。④**信**：确实，诚然。**要**：重要。⑤**宽为限**：指学习期限放宽些。⑥**滞塞**：指不懂的地方、不明白之处。

xīn yǒu yí　suí zhá jì
心有疑，随札记，①

jiù rén wèn　qiú què yì
就人问，求确义。②

fáng shì qīng　qiáng bì jìng
房室清，墙壁净，

jī àn jié　bǐ yàn zhèng
几案洁，笔砚正。

mò mó piān　xīn bù duān
墨磨偏，心不端；

zì bú jìng　xīn xiān bìng
字不敬，心先病。

liè diǎn jí　yǒu dìng chù
列典籍，有定处，

注释：①札记：指做笔记。**②就人问：**找人问。**确义：**确切的含义。

西园雅集图　南宋·马　远

dú kàn bì　huán yuán chù
读看毕，还原处。

suī yǒu jí　juǎn shù qí
虽有急，卷束齐，

yǒu quē sǔn　jiù bǔ zhī
有缺损，就补之。

fēi shèng shū　bǐng wù shì
非圣书，屏勿视，①

bì cōng míng　huài xīn zhì
蔽聪明，坏心志。②

wù zì bào　wù zì qì
勿自暴，勿自弃，

shèng yǔ xián　kě xùn zhì
圣与贤，可驯致。③

注释：①**圣书**：指儒家经典。**屏**：舍弃。②**蔽**：蒙蔽，埋没。**心志**：思想。③**驯致**：逐渐达到。驯，渐进。致，达到。

孔子圣迹图之杏坛礼乐　明·佚　名

增广贤文

清·佚名

汉惠帝四皓图　元·王恽

梁昭明太子感瑞图　元·王　恽

xī shí xián wén　huì rǔ zhūn zhūn
昔时贤文，诲汝谆谆，①

jí yùn zēng guǎng　duō jiàn duō wén
集韵增广，多见多闻。②

guān jīn yí jiàn gǔ　wú gǔ bù chéng jīn
观今宜鉴古，无古不成今。③

zhī jǐ zhī bǐ　jiāng xīn bǐ xīn
知己知彼，将心比心。④

jiǔ féng zhī jǐ yǐn　shī xiàng huì rén yín
酒逢知己饮，诗向会人吟。⑤

xiāng shí mǎn tiān xià　zhī xīn néng jǐ rén
相识满天下，知心能几人？

xiāng féng hǎo sì chū xiāng shí　dào lǎo zhōng wú yuàn hèn xīn
相逢好似初相识，到老终无怨恨心。⑥

jìn shuǐ zhī yú xìng　jìn shān shí niǎo yīn
近水知鱼性，近山识鸟音。

注释：①**昔**：从前。**贤**：教人德行（做人道理）的。**诲**：教导。**汝**：你。**谆谆**：恳切。②**增广**：增智慧，广见闻。③**宜**：应该。**鉴**：借鉴。④**彼**：别人。⑤**知己**：好朋友。**吟**：吟诵。⑥**“相逢”二句**：人和人之间的相识应该总好像是刚见面似的，这样到老就不会产生怨恨之心了。

古贤诗意图（部分）　明·杜堇

yì zhǎng yì tuì shān xī shuǐ　yì fǎn yì fù xiǎo rén xīn
易涨易退山溪水，易反易覆小人心。

yùn qù jīn chéng tiě　shí lái tiě sì jīn
运去金成铁，时来铁似金。①

dú shū xū yòng yì　yí zì zhí qiān jīn
读书须用意，一字值千金。

féng rén qiě shuō sān fēn huà　wèi kě quán pāo yí piàn xīn
逢人且说三分话，未可全抛一片心。②

yǒu yì zāi huā huā bù fā　wú xīn chā liǔ liǔ chéng yīn
有意栽花花不發，无心插柳柳成荫。

huà hǔ huà pí nán huà gǔ　zhī rén zhī miàn bù zhī xīn
画虎画皮难画骨，知人知面不知心。③

qián cái rú fèn tǔ　rén yì zhí qiān jīn
钱财如粪土，仁义值千金。④

liú shuǐ xià tān fēi yǒu yì　bái yún chū xiù běn wú xīn
流水下滩非有意，白云出岫本无心。⑤

dāng shí ruò bù dēng gāo wàng　shuí shí dōng liú hǎi yàng shēn
当时若不登高望，谁识东流海样深。

注释：①**运：**运气。**时：**时机，机遇。②**且：**暂时。③**面：**外表。④**仁：**良心，善心。**义：**诚实、守信、正直等道德。⑤**"流水"二句：**流水从滩头泻下并非有意之举，白云从山峰中飘出来也完全出于自然。岫，山峦。本，本来。

松阁远眺图　明·仇英

lù yáo zhī mǎ lì shì jiǔ jiàn rén xīn
路遥知马力，事久见人心。①

mǎ xíng wú lì jiē yīn shòu rén bù fēng liú zhǐ wèi pín
马行无力皆因瘦，人不风流只为贫。②

ráo rén bú shì chī hàn chī hàn bú huì ráo rén
饶人不是痴汉，痴汉不会饶人。③

shì qīn bú shì qīn fēi qīn què shì qīn
是亲不是亲，非亲却是亲。④

měi bù měi xiāng zhōng shuǐ qīn bù qīn gù xiāng rén
美不美，乡中水；亲不亲，故乡人。

xiāng féng bù yǐn kōng guī qù dòng kǒu táo huā yě xiào rén
相逢不饮空归去，洞口桃花也笑人。

wéi rén mò zuò kuī xīn shì bàn yè qiāo mén xīn bù jīng
为人莫作亏心事，半夜敲门心不惊。

liǎng rén yì tiáo xīn yǒu qián kān mǎi jīn
两人一条心，有钱堪买金；⑤

yì rén yì tiáo xīn wú qián nán mǎi zhēn
一人一条心，无钱难买针。

yīng huā yóu pà chūn guāng lǎo qǐ kě jiào rén wǎng dù chūn
莺花犹怕春光老，岂可教人枉度春。⑥

注释：①**遥**：远。②**“马行”二句**：马行走无力都因为它瘦弱，人行事不风流不潇洒只因为他穷。皆，都。因，因为。③**“饶人”二句**：能宽恕别人的不是傻瓜，傻瓜则从来不会宽恕别人。饶，宽恕，原谅。④**亲**：亲人，自己人。⑤**堪**：可以。⑥**犹**：还。**岂**：哪里。**枉**：白白地。

盆菊幽赏图　明·沈　周

huáng jīn wú jiǎ　ē wèi wú zhēn
黄金无假，阿魏无真。①

kè lái zhǔ bú gù　yīng kǒng shì chī rén
客来主不顾，应恐是痴人。②

pín jū nào shì wú rén wèn　fù zài shēn shān yǒu yuǎn qīn
贫居闹市无人问，富在深山有远亲。③

shuí rén bèi hòu wú rén shuō　nǎ ge rén qián bù shuō rén
谁人背後无人说，哪个人前不说人？

yǒu qián dào zhēn yǔ　wú qián yǔ bù zhēn
有钱道真语，无钱语不真；④

bú xìn dàn kàn yán zhōng jiǔ　bēi bēi xiān quàn yǒu qián rén
不信但看筵中酒，杯杯先劝有钱人。⑤

nào li yǒu qián　jìng chù ān shēn
闹里有钱，静处安身。⑥

注释：①**“黄金”二句：**黄金贵重很难造假，阿魏这样的药材却没几种是真货。阿魏，一种草本植物。②**主：**主人。③**贫：**贫穷，这里指贫穷的人。下句的富指富贵的人。④**“有钱”二句：**有钱人说的好像都是真理，没钱的人说的是真理人们也不相信。⑤**但：**只要。⑥**“闹里”二句：**喧闹繁华的地方有钱可赚，偏僻幽静的地方宜于安身。

春居图　清·袁耀

lái rú fēng yǔ　qù sì wēi chén
来如风雨，去似微尘。[①]

cháng jiāng hòu làng cuī qián làng　shì shàng xīn rén gǎn jiù rén
长江後浪催前浪，世上新人赶旧人。

jìn shuǐ lóu tái xiān dé yuè　xiàng yáng huā mù zǎo féng chūn
近水楼台先得月，向阳花木早逢春。

gǔ rén bú jiàn jīn shí yuè　jīn yuè céng jīng zhào gǔ rén
古人不见今时月，今月曾经照古人。

xiān dào wéi jūn　hòu dào wéi chén
先到为君，後到为臣。

mò dào jūn xíng zǎo　gèng yǒu zǎo xíng rén
莫道君行早，更有早行人。[②]

mò xìn zhí zhōng zhí　xū fáng rén bù rén
莫信直中直，须防仁不仁。

shān zhōng yǒu zhí shù　shì shàng wú zhí rén
山中有直树，世上无直人。[③]

zì hèn zhī wú yè　mò yuàn tài yáng qīng
自恨枝无叶，莫怨太阳倾。

注释：①**“来如”二句：**来势如急风暴雨，消退如微尘飘落。②**君：**你。③**直人：**完全正直、没有私心的人。

辟庐图　明·周　臣

yì nián zhī jì zài yú chūn　yí rì zhī jì zài yú yín
一年之计在于春，一日之计在于寅，①

yì jiā zhī jì zài yú hé　yì shēng zhī jì zài yú qín
一家之计在于和，一生之计在于勤。

zé rén zhī xīn zé jǐ　shù jǐ zhī xīn shù rén
责人之心责己，恕己之心恕人。②

shǒu kǒu rú píng　fáng yì rú chéng
守口如瓶，防意如城。③

nìng kě rén fù wǒ　qiè mò wǒ fù rén
宁可人负我，切莫我负人。④

zài sān xū zhòng shì　dì yī mò qī xīn
再三须重事，第一莫欺心。

hǔ shēng yóu kě jìn　rén shú bù kān qīn
虎生犹可近，人熟不堪亲。

lái shuō shì fēi zhě　biàn shì shì fēi rén
来说是非者，便是是非人。

注释：①**计**：谋划，希望。**寅**：寅时，即凌晨3点到5点之间。②**责**：责备。**恕**：宽恕，原谅。③**防意**：提防产生邪念。**如城**：如守城。④**负**：亏待。

农户小桥图　清·袁耀

yuǎn shuǐ nán jiù jìn huǒ　yuǎn qīn bù rú jìn lín
远水难救近火，远亲不如近邻。

yǒu chá yǒu jiǔ duō xiōng dì　jí nàn hé céng jiàn yì rén
有茶有酒多兄弟，急难何曾见一人！

rén qíng sì zhǐ zhāng zhāng báo　shì shì rú qí jú jú xīn
人情似纸张张薄，世事如棋局局新。

shān zhōng yě yǒu qiān nián shù　shì shàng nán féng bǎi suì rén
山中也有千年树，世上难逢百岁人。

lì wēi xiū fù zhòng　yán qīng mò quàn rén
力微休负重，言轻莫劝人。①

wú qián xiū rù zhòng　zāo nàn mò xún qīn
无钱休入众，遭难莫寻亲。②

píng shēng mò zuò zhòu méi shì　shì shàng yīng wú qiè chǐ rén
平生莫作皱眉事，世上应无切齿人。③

shì zhě guó zhī bǎo　rú wéi xí shàng zhēn
士者国之宝，儒为席上珍。④

注释：①**微**：小。**休**：别，不要。**负**：背。②**难**：灾难。③**皱眉事**：害人的事。**切齿人**：仇人。④**士**：习学文武者。**儒**：读书人，有文化的人。

百岁旧人谈旧事图　清·袁耀

ruò yào duàn jiǔ fǎ xǐng yǎn kàn zuì rén

若要断酒法，醒眼看醉人。

qiú rén xū qiú dà zhàng fū jì rén xū jì jí shí wú

求人须求大丈夫，济人须济急时无。①

kě shí yì dī rú gān lù zuì hòu tiān bēi bù rú wú

渴时一滴如甘露，醉後添杯不如无。

jiǔ zhù lìng rén jiàn pín lái qīn yě shū

久住令人贱，频来亲也疏。②

jiǔ zhōng bù yǔ zhēn jun zǐ cái shang fēn míng dà zhàng fū

酒中不语真君子，财上分明大丈夫。

jī jīn qiān liǎng bù rú duō mǎi jīng shū

积金千两，不如多买经书。③

yǎng zǐ bú jiào rú yǎng lǘ yǎng nǚ bú jiào rú yǎng zhū

养子不教如养驴，养女不教如养猪。

注释：①**济：**救济，帮助。②**贱：**看不起。**频：**频繁，多次。③**积：**储存。**经书：**作为典范的书。

古贤诗意图 明·杜 堇

yǒu tián bù gēng cāng lǐn xū　yǒu shū bù dú zǐ sūn yú

有田不耕仓廪虚，有书不读子孙愚；①

cāng lǐn xū xī suì yuè fá　zǐ sūn yú xī lǐ yì shū

仓廪虚兮岁月乏，子孙愚兮礼义疏。②

tóng jūn yì xí huà　shèng dú shí nián shū

同君一席话，胜读十年书。③

rén bù tōng gǔ jīn　mǎ niú ér jīn jū

人不通古今，马牛而襟裾。④

máng máng sì hǎi rén wú shù　nǎ ge nán ér shì zhàng fū

茫茫四海人无数，哪个男儿是丈夫！

měi jiǔ niàng chéng yuán hào kè　huáng jīn sàn jìn wèi shōu shū

美酒酿成缘好客，黄金散尽为收书。⑤

jiù rén yí mìng　shèng zào qī jí fú tú

救人一命，胜造七级浮屠。⑥

chéng mén shī huǒ　yāng jí chí yú

城门失火，殃及池鱼。⑦

注释：①**廪**：粮仓。②**兮**：语气助词。③**胜**：好过，比……更好。④**马牛而襟裾**：就像穿着衣服的牛马。襟，上衣的前面部分。裾，衣服的前襟。⑤**缘**：因为。⑥**胜造七级浮屠**：比帮寺院建七层的塔还好。浮屠，塔。⑦**殃**：祸害。**及**：到。

蒹葭书屋图　清·禹之鼎

tíng qián shēng ruì cǎo hǎo shì bù rú wú
庭前生瑞草，好事不如无。①

yù qiú shēng fù guì xū xià sǐ gōng fu
欲求生富贵，须下死工夫。

bǎi nián chéng zhī bù zú yí dàn bài zhī yǒu yú
百年成之不足，一旦败之有馀。②

rén xīn sì tiě guān fǎ rú lú
人心似铁，官法如炉。③

shàn huà bù zú è huà yǒu yú
善化不足，恶化有馀。④

shuǐ zhì qīng zé wú yú rén zhì chá zé wú móu
水至清则无鱼，人至察则无谋。⑤

zhì zhě jiǎn bàn yú zhě quán wú
知智者减半，愚者全无。⑥

zài jiā yóu fù chū jià cóng fū
在家由父，出嫁从夫。

注释：①**瑞**：吉祥。②**"百年"二句**：多年奋斗要做成一件事还不一定成功，而一瞬间的不慎毁坏起来却会绰绰有馀。成，建设。足，足够。一旦，一朝，一日。③**"人心"二句**：如果说人心像铁，那么国家的法律就像冶铁的火炉。④**"善化"二句**：如果善性对你感化不够，那么恶性对你的感化就会变本加厉。⑤**"水至"二句**：水过分清纯就不会有鱼，人过分明察就没有人为你出主意。察，细致。谋，旧时也有读 mú，这样才和上下文押韵。⑥**"知者"二句**：世上的聪明人如果减少一半，那就找不到愚笨的人了。

人物山水图 明·尤求

chī rén wèi fù xián nǚ jìng fū

痴人畏妇，贤女敬夫。①

shì fēi zhōng rì yǒu bù tīng zì rán wú

是非终日有，不听自然无。

nìng kě zhèng ér bù zú bù kě xié ér yǒu yú

宁可正而不足，不可邪而有馀。②

nìng kě xìn qí yǒu bù kě xìn qí wú

宁可信其有，不可信其无。

zhú lí máo shè fēng guāng hǎo dào yuàn sēng fáng zǒng bù rú

竹篱茅舍风光好，道院僧房总不如。

mìng li yǒu shí zhōng xū yǒu mìng li wú shí mò qiǎng qiú

命里有时终须有，命里无时莫强求。

dào yuàn yíng xiān kè shū táng yǐn xiàng rú

道院迎仙客，书堂隐相儒。③

tíng zāi qī fèng zhú chí yǎng huà lóng yú

庭栽栖凤竹，池养化龙鱼。④

注释：①**妇**：妇人，此指妻子。②**不足**：指生活贫困。**有馀**：指生活富裕。③**相**：做官的人。**儒**：读书人。④**栖**：栖息，停留。

寿袁方斋三绝图之修竹坞 明·陈道复

jié jiāo xū shèng jǐ　sì wǒ bù rú wú
结交须胜己，似我不如无。

dàn kàn sān wǔ rì　xiāng jiàn bù rú chū
但看三五日，相见不如初。①

rén qíng sì shuǐ fēn gāo xià　shì shì rú yún rèn juǎn shū
人情似水分高下，世事如云任卷舒。②

huì shuō shuō dōu shì　bú huì shuō wú lǐ
会说说都是，不会说无礼。

mó dāo hèn bú lì　dāo lì shāng rén zhǐ
磨刀恨不利，刀利伤人指；

qiú cái hèn bù duō　cái duō fǎn hài jǐ
求财恨不多，财多反害己。

zhī zú cháng zú　zhōng shēn bù rǔ
知足常足，终身不辱；

zhī zhǐ cháng zhǐ　zhōng shēn bù chǐ
知止常止，终身不耻。③

注释：①**但**：只要。**初**：初相识时的印象。② **"人情"二句**：人情像水一样有薄有厚，世事就像云一样变化无常。③ **"知足"二句**：知道满足的道理就会经常感到满足，懂得任何事物都有止境就应适可而止，这样一生都不会遭受耻辱。

十二金钗图之黛玉葬花　清·费丹旭

yǒu fú shāng cái wú fú shāng jǐ
有福伤财，无福伤己。①

chā zhī háo lí shī zhī qiān lǐ
差之毫厘，失之千里。②

ruò dēng gāo bì zì bēi ruò shè yuǎn bì zì ěr
若登高必自卑，若涉远必自迩。③

sān sī ér xíng zài sī kě yǐ
三思而行，再思可矣。④

shǐ kǒu bù rú zì zǒu qiú rén bù rú qiú jǐ
使口不如自走，求人不如求己。⑤

xiǎo shí shì xiōng dì zhǎng dà gè xiāng lǐ
小时是兄弟，长大各乡里。⑥

jí cái mò jí shí yuàn shēng mò yuàn sǐ
嫉财莫嫉食，怨生莫怨死。⑦

rén jiàn bái tóu chēn wǒ jiàn bái tóu xǐ
人见白头嗔，我见白头喜。⑧

duō shǎo shào nián wáng bú dào bái tóu sǐ
多少少年亡，不到白头死。

注释：①**“有福”二句**：遇到危难时，有福的人只会损失钱财，无福的人就会伤害到性命。②**“差之”二句**：毫厘的差错会造成千里的错误。③**“若登”二句**：登高处一定要从低处开始，走远路一定要从近处起步。卑，低。迩，近。④**“三思”二句**：人们常说思考三次而後行事，其实思考两次就足够了。⑤**使口**：开口指使人。⑥**“小时”二句**：小时候在一起是好兄弟，长大成人後则各奔东西。⑦**“嫉财”二句**：妒嫉别人的钱财，不能妒嫉别人的饮食；别人活着的时候你可以埋怨，死了就不要再埋怨。⑧**嗔**：怒，生气。

陶潜归庄图（部分） 元·何 澄

qiáng yǒu fèng　bì yǒu ěr
墙有缝，壁有耳。①

hǎo shì bù chū mén　è shì chuán qiān lǐ
好事不出门，恶事传千里。

zéi shì xiǎo rén　zhì guò jūn zǐ
贼是小人，知(智)过君子。②

jūn zǐ gù qióng　xiǎo rén qióng sī làn yǐ
君子固穷，小人穷斯滥矣。③

pín qióng zì zài　fù guì duō yōu
贫穷自在，富贵多忧。④

bù yǐ wǒ wéi dé　fǎn yǐ wǒ wéi chóu
不以我为德，反以我为仇。⑤

nìng kě zhí zhōng qǔ　bú xiàng qū zhōng qiú
宁可直中取，不向曲中求。⑥

注释： ①**“墙有”二句：**再好的墙壁都有透风的裂缝，而隔墙有耳，应时时提防。耳，与上下文并不押韵，但保留不少古音的粤语读音类似 yi，还是押韵的。②**“贼是”二句：**贼虽然是卑鄙小人，但其智慧有时可以超过品行高尚的人。③**“君子”二句：**品行正派的人虽穷困，但能安分守己，小人穷困了则会胡作非为。斯，则。④**“贫穷”二句：**人虽贫穷但活得自在，人越富贵忧虑越多。⑤**“不以”二句：**不但不感激我，说我好，反而说我坏话，以我为仇人。⑥**直：**正直，用光明正大的方式。**曲：**走邪门歪道，用不正当方法。

孔子圣迹之在陈绝粮　明·佚　名

增广贤文

rén wú yuǎn lǜ　bì yǒu jìn yōu

人无远虑，必有近忧。

zhī wǒ zhě wèi wǒ xīn yōu

知我者谓我心忧，

bù zhī wǒ zhě wèi wǒ hé qiú

不知我者谓我何求。①

qíng tiān bù kěn qù　zhí dài yǔ lín tóu

晴天不肯去，直待雨淋头。②

chéng shì mò shuō　fù shuǐ nán shōu

成事莫说，覆水难收。③

shì fēi zhǐ wèi duō kāi kǒu　fán nǎo jiē yīn qiǎng chū tóu

是非只为多开口，烦恼皆因强出头。④

rěn de yì shí zhī qì　miǎn de bǎi rì zhī yōu

忍得一时之气，免得百日之忧。

jù fǎ zhāo zhāo lè　qī gōng rì rì yōu

惧法朝朝乐，欺公日日忧。⑤

注释：①“知我”二句：了解我的人能说出我内心忧愁，不了解我的人还认为我有个人所求。②“晴天”二句：天气好时不愿前去，一直等到大雨淋头时再行动，已经晚了。③“成事”二句：事情办成了不要再多说，泼出去的水是收不回来的。覆，倒掉。④为：因为。皆：都。强：强求，硬要。⑤惧：惧怕。法：法律。欺：欺侮。公：公德，公众。

山水图之竹林闲琴　清·王云

rén shēng yí shì　cǎo shēng yì chūn

人生一世，草生一春。①

hēi fà bù zhī qín xué zǎo　zhuǎn yǎn biàn shì bái tóu wēng

黑髮不知勤学早，转眼便是白头翁。②

yuè guò shí wǔ guāng míng shǎo　rén dào zhōng nián wàn shì xiū

月过十五光明少，人到中年万事休。

ér sūn zì yǒu ér sūn fú　mò wèi ér sūn zuò mǎ niú

儿孙自有儿孙福，莫为儿孙作马牛。

rén shēng bù mǎn bǎi　cháng huái qiān suì yōu

人生不满百，常怀千岁忧。③

jīn zhāo yǒu jiǔ jīn zhāo zuì　míng rì chóu lái míng rì yōu

今朝有酒今朝醉，明日愁来明日忧。

lù féng xiǎn chù nán huí bì　shì dào tóu lái bú zì yóu

路逢险处难回避，事到头来不自由。④

yào néng yī jiǎ bìng　jiǔ bù jiě zhēn chóu

药能医假病，酒不解真愁。

注释：①**一春**：一年。②**黑髮**：年轻时。③**“人生”二句**：人的一生连百岁都活不到，却常常心怀千年的忧患。④**“路逢”二句**：行路遇到险处难以躲避（或许能侥幸躲避），事情临到头上就由不得自己了。

饮中八仙图·杨柳青木版年画

rén pín bù yǔ　shuǐ píng bù liú

人贫不语，水平不流。①

yì jiā yǎng nǚ bǎi jiā qiú　yì mǎ bù xíng bǎi mǎ yōu

一家养女百家求，一马不行百马忧。

yǒu huā fāng zhuó jiǔ　wú yuè bù dēng lóu

有花方酌酒，无月不登楼。②

sān bēi tōng dà dào　yí zuì jiě qiān chóu

三杯通大道，一醉解千愁。③

shēn shān bì jìng cáng měng hǔ　dà hǎi zhōng xū nà xì liú

深山毕竟藏猛虎，大海终须纳细流。

xī huā xū jiǎn diǎn　ài yuè bù shū tóu

惜花须检点，爱月不梳头。④

dà dǐ xuǎn tā jī gǔ hǎo　bù cā hóng fěn yě fēng liú

大抵选他肌骨好，不擦红粉也风流。⑤

shòu ēn shēn chù yí xiān tuì　dé yì nóng shí biàn kě xiū

受恩深处宜先退，得意浓时便可休。⑥

注释：①**不语**：不敢随便说话。②**酌**：倒。③**“三杯”二句**：三杯喝下去可以通晓道理，一醉可以解除烦恼忧愁。④**“惜花”二句**：做人不要拈花惹草，应当洁身自好。⑤**“大抵”二句**：只要身体素质好，不梳妆打扮也风流。⑥**“受恩”二句**：受到很深的恩惠时就及早身退，春风得意时就及时罢休。

妆靓仕女图　宋·苏汉臣

mò dài shì fēi lái rù ěr cóng qián ēn ài fǎn chéng chóu
莫待是非来入耳，从前恩爱反成仇。①

liú de wǔ hú míng yuè zài bù chóu wú chù xià jīn gōu
留得五湖明月在，不愁无处下金钩。②

xiū bié yǒu yú chù mò liàn qiǎn tān tóu
休别有鱼处，莫恋浅滩头。③

qù shí zhōng xū qù zài sān liú bú zhù
去时终须去，再三留不住。④

rěn yí jù xī yí nù ráo yì zhāo tuì yí bù
忍一句，息一怒；饶一着，退一步。⑤

sān shí bù háo sì shí bú fù
三十不豪，四十不富，

wǔ shí jiāng jìn xún sǐ lù
五十将近寻死路。⑥

shēng bú rèn hún sǐ bú rèn shī
生不认魂，死不认尸。⑦

注释：①**莫待**：不要等待。②**下金钩**：钓鱼。③**“休别”二句**：不要离开有鱼的地方而迷恋浅水滩头。休，别，不要。④**“去时”二句**：该失去的再留也留不住。去，离开。⑤**忍一句，息一怒；饶一着，退一步**：你忍住少说一句，就能平息别人一次愤怒；你饶人一着，别人也会退让一步。⑥**“三十”三句**：人到三十岁不自强自立，四十岁不發不富，到五十岁就没什么指望了。⑦**“生不”二句**：指态度强硬，死活不认。

柳溪泛舟图 明·仇 英

yí cùn guāng yīn yí cùn jīn　cùn jīn nán mǎi cùn guāng yīn

一寸光阴一寸金，寸金难买寸光阴。

fù mǔ ēn shēn zhōng yǒu bié　fū qī yì zhòng yě fēn lí

父母恩深终有别，夫妻义重也分离。

rén shēng sì niǎo tóng lín sù　dà xiàn lái shí gè zì fēi

人生似鸟同林宿，大限来时各自飞。①

rén shàn bèi rén qī　mǎ shàn bèi rén qí

人善被人欺，马善被人骑。②

rén wú héng cái bú fù　mǎ wú yě cǎo bù féi

人无横财不富，马无野草不肥。

rén è rén pà tiān bú pà　rén shàn rén qī tiān bù qī

人恶人怕天不怕，人善人欺天不欺。

shàn è dào tóu zhōng yǒu bào　zhǐ zhēng lái zǎo yǔ lái chí

善恶到头终有报，只争来早与来迟。

huáng hé shàng yǒu chéng qīng rì　qǐ yǒu rén wú dé yùn shí

黄河尚有澄清日，岂有人无得运时？

dé chǒng sī rǔ　jū ān sī wēi

得宠思辱，居安思危。③

niàn niàn yǒu rú lín dí rì　xīn xīn cháng sì guò qiáo shí

念念有如临敌日，心心常似过桥时。④

注释：①**大限**：生命的极限。指死期。②**善**：善良，这里是软弱的意思。③**宠**：受到偏爱。**辱**：受到凌辱。④**念念**：刹那，指极短的时间。**心心**：一心一意，专心。

人马图　元·赵孟頫

增广贤文

yīng xióng xíng xiǎn dào　fù guì sì huā zhī
英雄行险道，富贵似花枝。①

rén qíng mò dào chūn guāng hǎo　zhǐ pà qiū lái yǒu lěng shí
人情莫道春光好，只怕秋来有冷时。

sòng jūn qiān lǐ　zhōng xū yì bié
送君千里，终须一别。

dàn jiāng lěng yǎn guān páng xiè　kàn nǐ héng xíng dào jǐ shí
但将冷眼观螃蟹，看你横行到几时？

xián shì xiū guǎn　wú shì zǎo guī
闲事休管，无事早归。

jiǎ duàn rǎn jiù zhēn hóng sè　yě bèi páng rén shuō shì fēi
假缎染就真红色，也被旁人说是非。②

shàn shì kě zuò　è shì mò wéi
善事可作，恶事莫为。

注释：①“英雄”二句：英雄豪杰所走的道路充满艰险，富贵荣华像花枝一样容易凋谢。
②“假缎”二句：假的绸缎即使染成真的红色，也会遭到人们品评非议。

山水图之雪江卖鱼　清·王　云

xǔ rén yí wù qiān jīn bù yí
许人一物，千金不移。[①]

lóng shēng lóng zǐ hǔ shēng hǔ ér
龙生龙子，虎生虎儿。

lóng yóu qiǎn shuǐ zāo xiā xì hǔ luò píng yáng bèi quǎn qī
龙游浅水遭虾戏，虎落平阳被犬欺。

yì jǔ shǒu dēng lóng hǔ bǎng shí nián shēn dào fèng huáng chí
一举首登龙虎榜，十年身到凤凰池。[②]

shí zǎi huán chuāng wú rén wèn yì jǔ chéng míng tiān xià zhī
十载寒窗无人问，一举成名天下知。[③]

jiǔ zhài xún cháng xíng chù yǒu rén shēng qī shí gǔ lái xī
酒债寻常行处有，人生七十古来稀。[④]

yǎng ér fáng lǎo jī gǔ fáng jī
养儿防老，积穀防饥。

dāng jiā cái zhī yán mǐ guì yǎng zǐ fāng zhī fù mǔ ēn
当家才知盐米贵，养子方知父母恩。

注释：①**许**：许诺，答应。②**"一举"二句**：在科举考试中一旦名登进士榜，十年之後就能在朝廷出任高官。③**寒窗**：苦学。④**"酒债"二句**：欠下酒钱是很平常的事，人活到七十岁却自古少有。

深柳读书堂图　清·王　翚

cháng jiāng yǒu rì sī wú rì　mò bǎ wú shí dàng yǒu shí

常将有日思无日，莫把无时当有时。①

shí lái fēng sòng téng wáng gé　yùn qù léi hōng jiàn fú bēi

时来风送滕王阁，运去雷轰荐福碑。②

rù mén xiū wèn róng kū shì　guān kàn róng yán biàn dé zhī

入门休问荣枯事，观看容颜便得知。③

guān qīng shū lì shòu　shén líng miào zhù féi

官清书吏瘦，神灵庙祝肥。④

xī què léi tíng zhī nù　bà què hǔ láng zhī wēi

息却雷霆之怒，罢却虎狼之威。⑤

ráo rén suàn zhī běn　shū rén suàn zhī jī

饶人算之本，输人算之机。⑥

hǎo yán nán dé　è yǔ yì shī

好言难得，恶语易施。⑦

yì yán jì chū　sì mǎ nán zhuī

一言既出，驷马难追。⑧

注释：①**“常将”二句**：应该常常在有吃穿的时候想到没有吃穿的日子，不要等到没有吃穿的时候才想念有吃穿的日子。②**“时来”二句**：运气好时，不利的情况也能变好；运气不佳，好的局面也会变坏。③**荣**：荣耀，光彩。**枯**：沮丧，不光彩。④**清**：清廉（不腐败）。**书吏**：承办文书的吏员。**灵**：灵验。**庙祝**：寺庙中管香火的人。⑤**“息却”二句**：为官的人应当平息雷霆般的愤怒，去掉虎狼般的威风。⑥**“饶人”二句**：饶恕别人是处事的根本，忍让别人是处事的关键。⑦**“好言”二句**：于人有益的话不容易听到，伤害人的话却很容易说出。⑧**驷马**：用四匹马拉的车。

云中送别图　明·陶　成

dào wú hǎo zhě shì wú zéi　dào wú è zhě shì wú shī
道吾好者是吾贼，道吾恶者是吾师。①

lù féng xiá kè xū chéng jiàn　bú shì cái rén mò xiàn shī
路逢侠客须呈剑，不是才人莫献诗。

sān rén xíng　bì yǒu wǒ shī yān
三人行，必有我师焉；

zé qí shàn zhě ér cóng zhī　qí bú shàn zhě ér gǎi zhī
择其善者而从之，其不善者而改之。②

yù chāng hé shùn xū wéi shàn　yào zhèn jiā shēng zài dú shū
欲昌和顺须为善，要振家声在读书。③

shào zhuàng bù nǔ lì　lǎo dà tú shāng bēi
少壮不努力，老大徒伤悲。

rén yǒu shàn yuàn　tiān bì yòu zhī
人有善愿，天必佑之。④

mò yǐn mǎo shí jiǔ　hūn hūn zuì dào yǒu
莫饮卯时酒，昏昏醉到酉。⑤

mò mà yǒu shí qī　yí yè shòu gū qī
莫骂酉时妻，一夜受孤凄。⑥

注释：①**道**：说。**贼**：敌人。②**“择其”二句**：选择他们的长处来学习，对他们的缺点可借鉴改正。③**欲**：要。**昌**：兴旺。**和顺**：和谐顺利。**为**：做。**在**：在于，靠。④**愿**：愿望。**天**：神灵。**佑**：保佑，成全。⑤**卯时**：凌晨5点到7点间。⑥**酉时**：下午5点到7点间。

秋夜读书图　清·蔡　嘉

zhòng má dé má　zhòng dòu dé dòu
种麻得麻，种豆得豆。

tiān yǎn huī huī　shū ér bú lòu
天眼恢恢，疏而不漏。①

jiàn guān mò xiàng qián　zuò kè mò zài hòu
见官莫向前，做客莫在後。②

nìng tiān yì dǒu　mò tiān yì kǒu
宁添一斗，莫添一口。③

táng láng bǔ chán　qǐ zhī huáng què zài hòu
螳螂捕蝉，岂知黄雀在後？

bù qiú jīn yù chóng chóng guì　dàn yuàn ér sūn gè gè xián
不求金玉重重贵，但愿儿孙个个贤。④

yí rì fū qī　bǎi shì yīn yuán
一日夫妻，百世姻缘。

bǎi shì xiū lái tóng chuán dù　qiān shì xiū lái gòng zhěn mián
百世修来同船渡，千世修来共枕眠。

注释：①恢恢：大，宽广。②见：拜见。官：当官的。③口：嘴，指人。④贤：有德行，会做人。

双拜花堂图·杨柳青木版年画

shā rén yí wàn zì sǔn sān qiān
杀人一万，自损三千。①

shāng rén yì yǔ lì rú dāo gē
伤人一语，利如刀割。

kū mù féng chūn yóu zài fā rén wú liǎng dù zài shào nián
枯木逢春犹再發，人无两度再少年。

wèi wǎn xiān tóu sù jī míng zǎo kàn tiān
未晚先投宿，鸡鸣早看天。②

jiàng xiàng dǐng tóu kān zǒu mǎ gōng hóu dù nèi hǎo chēng chuán
将相顶头堪走马，公侯肚内好撑船。③

fù rén sī lái nián qióng rén sī yǎn qián
富人思来年，穷人思眼前。④

shì shàng ruò yào rén qíng hǎo shē qù wù jiàn bù qǔ qián
世上若要人情好，赊去物件不取钱。⑤

sǐ shēng yǒu mìng fù guì zài tiān
死生有命，富贵在天。⑥

注释：①“杀人”二句：杀死一万敌人，自己一方也要损失三千人。②“未晚”二句：出行时不到晚上就该去找住宿处，听到鸡叫就及时起来看看天气。③“将相”二句：将军宰相应能承担大事，头顶可以跑马；王公贵族应当宽宏大量，肚里可以撑船。④**来年**：第二年。⑤**赊**：赊欠，这里有送的意思。⑥**命**：命运。**在**：在于。**天**：神灵。

春山瑞松图 宋·米芾

jī shí yuán yǒu huǒ bù jī nǎi wú yān
击石原有火，不击乃无烟。①

wéi xué shǐ zhī dào bù xué yì wǎng rán
为学始知道，不学亦枉然。②

mò xiào tā rén lǎo zhōng xū hái dào lǎo
莫笑他人老，终须还到老。③

hé de lín lǐ hǎo yóu rú shí piàn bǎo
和得邻里好，犹如拾片宝。④

dàn néng yī běn fèn zhōng xū wú fán nǎo
但能依本分，终须无烦恼。⑤

dà jiā zuò shì xún cháng xiǎo jiā zuò shì huāng zhāng
大家做事寻常，小家做事慌张。⑥

dà jiā lǐ yì jiào zǐ dì xiǎo jiā xiōng è xùn ér láng
大家礼义教子弟，小家凶恶训儿郎。

jūn zǐ ài cái qǔ zhī yǒu dào
君子爱财，取之有道。⑦

注释：①**“击石”**：敲打石头会产生火花，不去敲打连烟也不会出。②**为学**：做学问，读书。**道**：道理，真理，规矩。**枉然**：什么也得不到。③**他人**：别人。④**犹如**：好像。⑤**但**：只要。**依本分**：规规矩矩地做人。**须**：应当。⑥**大家**：大户人家。**小家**：劳苦人家。⑦**君子**：正直的人。**有道**：用正当、合情合法的方式。

鲁公写经图 清·陆恢

zhēn fù ài sè nà zhī yǐ lǐ
贞妇爱色，纳之以礼。①

shàn yǒu shàn bào è yǒu è bào
善有善报，恶有恶报；②

bú shì bú bào rì zi wèi dào
不是不报，日子未到。

wàn è yín wéi shǒu bǎi xíng xiào dāng xiān
万恶淫为首，百行孝当先。

rén ér wú xìn bù zhī qí kě yě
人而无信，不知其可也。③

yì rén dào xū qiān rén chuán shí
一人道虚，千人传实。④

fán shì yào hǎo xū wèn sān lǎo
凡事要好，须问三老。⑤

ruò zhēng xiǎo kě biàn shī dà dào
若争小可，便失大道。⑥

jiā zhōng bù hé lín lǐ qī lín lǐ bù hé shuō shì fēi
家中不和邻里欺，邻里不和说是非。

注释：①**“贞妇”二句：**贞节的女子也喜欢打扮，但都符合礼仪规范。②**报：**报应。③**“人而”二句：**一个人不讲信用，真不知道他还能干什么事情。④**“一人”二句：**一个人编造出来的事，经过上千人传来传去就变成真事了。⑤**“凡事”二句：**要想办好事情，必须请教德高望重的老人。⑥**“若争”二句：**在一些小事上斤斤计较，就会在大的方面造成损失。

女孝经图　宋·佚名

nián nián fáng jī yè yè fáng dào
年年防饥，夜夜防盗。

hào xué zhě rú hé rú dào bú hào xué zhě rú hāo rú cǎo
好学者如禾如稻，不好学者如蒿如草。[1]

yù yǐn jiǔ shí xū yǐn jiǔ dé gāo gē chù qiě gāo gē
遇饮酒时须饮酒，得高歌处且高歌。

yīn fēng chuī huǒ yòng lì bù duō
因风吹火，用力不多。[2]

bù yīn yú fǔ yǐn zěn dé jiàn bō tāo
不因渔父引，怎得见波涛？[3]

wú qiú dào chù rén qíng hǎo bù yǐn rèn tā jiǔ jià gāo
无求到处人情好，不饮任他酒价高。

zhī shì shǎo shí fán nǎo shǎo shí rén duō chù shì fēi duō
知事少时烦恼少，识人多处是非多。

shì jiān hǎo yǔ shū shuō jìn tiān xià míng shān sēng zhàn duō
世间好语书说尽，天下名山僧占多。

注释：①**“好学”二句**：好学习的人像禾苗庄稼一样对世人有用，不愿意学习的人像蒿草一样对世人无用。②**因**：凭借。③**引**：指引。**波涛**：指江河。

太白饮酒图　清·沙　馥

rù shān bú pà shāng rén hǔ　zhǐ pà rén qíng liǎng miàn dāo
入山不怕伤人虎，只怕人情两面刀。①

qiáng zhōng gèng yǒu qiáng zhōng shǒu　è rén zhōng shòu è rén mó
强中更有强中手，恶人终受恶人磨。

huì shǐ bú zài jiā háo fù　fēng liú bú zài zhuó yī duō
会使不在家豪富，风流不在着衣多。②

guāng yīn sì jiàn　rì yuè rú suō
光阴似箭，日月如梭。

tiān shí bù rú dì lì　dì lì bù rú rén hé
天时不如地利，地利不如人和。③

huáng jīn wèi wéi guì　ān lè zhí qián duō
黄金未为贵，安乐值钱多。④

wàn bān jiē xià pǐn　wéi yǒu dú shū gāo
万般皆下品，唯有读书高。

wéi shàn zuì lè　wéi è nán táo
为善最乐，为恶难逃。

注释：①**“入山”二句：**上山不怕伤害人的老虎，只怕人情险恶两面三刀。②**“会使”二句：**善于理财不在于家中富有，风流潇洒并不在于穿的衣服多少。③**天时：**时机。**地利：**地理条件好。**人和：**人团结。④**“黄金”二句：**黄金算不上宝贵，平安快乐的生活才是最宝贵的。

倚杖寻幽图　明·沈　周

yáng yǒu guì rǔ zhī ēn, yā yǒu fǎn bǔ zhī yì.
羊有跪乳之恩，鸦有反哺之义。①

xiào shùn hái shēng xiào shùn zǐ, wǔ nì hái shēng wǔ nì ér;
孝顺还生孝顺子，忤逆还生忤逆儿；②

bú xìn dàn kàn yán qián shuǐ, diǎn diǎn dī zài jiù wō chí.
不信但看檐前水，点点滴在旧窝池。③

yǐn è yáng shàn, zhí qí liǎng duān.
隐恶扬善，执其两端。④

qī xián fū huò shǎo, zǐ xiào fù xīn kuān.
妻贤夫祸少，子孝父心宽。

rén shēng zhī zú hé shí zú, dào lǎo tōu xián qiě shì xián.
人生知足何时足，到老偷闲且是闲。⑤

dàn yǒu lǜ yáng kān xì mǎ, chù chù yǒu lù tòu cháng ān.
但有绿杨堪系马，处处有路透长安。⑥

jì duò fǔ zèng, fǎn gù hé yì?
既堕釜甑，反顾何益？⑦

fǎn fù zhī shuǐ, shōu zhī shí nán.
反覆之水，收之实难。

注释：①**“羊有”二句**：羊羔有跪下接受母乳的感恩举动，小乌鸦有衔食反喂母鸦的情义。②**忤逆**：不顺从。③**檐**：屋檐，即房顶伸出的边沿。④**“隐恶”二句**：不讲别人的坏处，多讲别人的好处，要把握住这两点。⑤**“人生”二句**：人一辈子也没有满足的时候，年老时当忙里偷闲颐养天年。⑥**“但有”二句**：只要有绿树就能拴马，处处大路可通往长安。⑦**“既堕”二句**：事情到了无法挽回的地步，反悔也没有什么用处。**堕**：掉下。**釜**：锅。**甑**：古时蒸饭用的瓦器。

药草山房图　明·文嘉等合作

jiàn zhě yì　xué zhě nán
见者易，学者难。①

mò jiāng róng yì dé　biàn zuò děng xián kàn
莫将容易得，便作等闲看。②

yòng xīn jì jiào bān bān cuò　tuì bù sī liang shì shì kuān
用心计较般般错，退步思量事事宽。③

dào lù gè bié　yǎng jiā yī bān
道路各别，养家一般。④

cóng jiǎn rù shē yì　cóng shē rù jiǎn nán
从俭入奢易，从奢入俭难。⑤

zhī yīn shuō yǔ zhī yīn tīng　bú shì zhī yīn mò yǔ tán
知音说与知音听，不是知音莫与弹。⑥

diǎn shí huà wéi jīn　rén xīn yóu wèi zú
点石化为金，人心犹未足。

xìn liǎo dù　mài liǎo wū
信了肚，卖了屋。⑦

注释： ①**见**：看。**学**：动手学别人那样做。② **“莫将”二句**：不要把容易得到的东西，看得很平常而不知珍惜。③ **“用心”二句**：过于用心计较每件事就会觉得哪儿都不对，退一步想一想所有的事都容易处理了。④ **“道路”二句**：各人所走的道路虽不一样，但其目的都是养家糊口。⑤**俭**：节俭。**奢**：奢侈。⑥ **“知音”二句**：知心的话说给知己的人听，不是知己就不要跟他谈。⑦ **“信了”二句**：只顾大吃大喝，结果把房子卖了。这两句中的“了”也可读作 le。

伯牙抚琴图·杨柳青木版年画

shuí rén bú ài zǐ sūn xián　shuí rén bú ài qiān zhōng sù

谁人不爱子孙贤，谁人不爱千钟粟，

nài wǔ xíng　bú shì zhè bān tí mù

奈五行，不是这般题目。①

mò bǎ zhēn xīn kōng jì jiào　ér sūn zì yǒu ér sūn fú

莫把真心空计较，儿孙自有儿孙福。②

tiān xià wú bú shì de fù mǔ

天下无不是的父母，

shì shàng zuì nán dé zhě xiōng dì

世上最难得者兄弟。

yǔ rén bù hé　quàn rén yǎng é

与人不和，劝人养鹅；

yǔ rén bú mù　quàn rén jià wū

与人不睦，劝人架屋。

注释：①**"谁人"三句：**没有人不希望子孙後代贤能，没有人不喜欢无比优厚的俸禄，只是无奈五行八字中没有如此好的运气。②**"莫把"二句：**不要为子孙们的前途枉费心机，他们自有他们的福气。

归去来辞之稚子候门图　明·马　轼

dàn xíng hǎo shì mò wèn qián chéng
但行好事，莫问前程。①

bù jiāo sēng dào biàn shì hǎo rén
不交僧道，便是好人。

hé xiá shuǐ jī rén jí jì shēng
河狭水激，人急计生。

míng zhī shān yǒu hǔ mò xiàng hǔ shān xíng
明知山有虎，莫向虎山行。

lù bù chǎn bù píng shì bù wéi bù chéng
路不铲不平，事不为不成；

rén bú quàn bú shàn zhōng bù qiāo bù míng
人不劝不善，钟不敲不鸣。

wú qián fāng duàn jiǔ lín lǎo shǐ kàn jīng
无钱方断酒，临老始看经。②

diǎn tǎ qī céng bù rú àn chù yì dēng
点塔七层，不如暗处一灯。③

táng shàng èr lǎo shì huó fó hé yòng líng shān cháo shì zūn
堂上二老是活佛，何用灵山朝世尊。④

注释：①**“但行”二句：**一心去做好事，不要计较前途如何。②**“无钱”二句：**没钱的时候才去戒酒，年纪老了才开始读经书。③**“点塔”二句：**把七层高塔都点亮，不如在黑暗处点亮一盏灯。④**“堂上”二句：**堂上二老双亲就是活菩萨，何必一定要去灵山朝拜佛祖呢？

山静日长图　明·文　嘉

增广贤文

wàn shì quàn rén xiū mán mèi　jǔ tóu sān chǐ yǒu shén míng

万事劝人休瞒昧，举头三尺有神明。①

dàn cún fāng cùn tǔ　liú yǔ zǐ sūn gēng

但存方寸土，留与子孙耕。

miè què xīn tóu huǒ　tī qǐ fó qián dēng

灭却心头火，剔起佛前灯。②

xīng xīng cháng bù zú　měng měng zuò gōng qīng

惺惺常不足，懵懵作公卿。③

zhòng xīng lǎng lǎng　bù rú gū yuè dú míng

众星朗朗，不如孤月独明。

xiōng dì xiāng hài　bù rú yǒu shēng

兄弟相害，不如友生。④

hé lǐ kě zuò　xiǎo lì mò zhēng

合理可作，小利莫争。

mǔ dān huā hǎo kōng rù mù　zǎo huā suī xiǎo jiē shí chéng

牡丹花好空入目，枣花虽小结实成。

注释：①“万事”二句：凡事奉劝人们不要欺瞒别人，一举一动头上的神明都看得一清二楚。②心头火：心头欲望之火。剔：挑。③“惺惺”二句：聪慧能干的人不能成事，稀里糊涂的人却做了高官。惺惺，清醒，聪明。懵懵，糊涂。④友生：朋友。

月下把杯图　宋·佚名

suí fèn gēng chú shōu dì lì tā shí bǎo ruǎn xiè cāng tiān
随分耕锄收地利，他时饱暖谢苍天。①

děi rěn qiě rěn děi nài qiě nài
得忍且忍，得耐且耐；

bù rěn bú nài xiǎo shì chéng dà
不忍不耐，小事成大。

xiāng lùn chěng yīng háo jiā jì jiàn jiàn xiāo
相论逞英豪，家计渐渐消。②

xián fù lìng fū guì è fù lìng fū bài
贤妇令夫贵，恶妇令夫败。

yì rén yǒu qìng zhào mín xián lài
一人有庆，兆民咸赖。③

rén lǎo xīn bù lǎo rén qióng zhì bù qióng
人老心不老，人穷志不穷。

rén wú qiān rì hǎo huā wú bǎi rì hóng
人无千日好，花无百日红。

注释：①“随分”二句：按照农时变化来种植收获庄稼，吃饱穿暖时不要忘记感谢上苍。②“相论”二句：彼此相互攀比，各逞其能，家道将逐渐衰退下去。③“一人”二句：一个人成功了，许多人都会有依靠。兆，百万。咸，都。

女孝经图　宋·佚名

shā rén kě shù qíng lǐ nán róng
杀人可恕，情理难容。

zhà fù bù zhī xīn shòu yòng zhà pín nán gǎi jiù jiā fēng
乍富不知新受用，乍贫难改旧家风。①

zuò shàng kè cháng mǎn bēi zhōng jiǔ bù kōng
座上客常满，杯中酒不空。

wū lòu gèng zāo lián yè yǔ xíng chuán yòu yù dǎ tóu fēng
屋漏更遭连夜雨，行船又遇打头风。②

sǔn yīn luò tuò fāng chéng zhú yú wèi bēn bō shǐ huà lóng
笋因落箨方成竹，鱼为奔波始化龙。③

céng jì shào nián qí zhú mǎ kàn kàn yòu shì bái tóu wēng
曾记少年骑竹马，看看又是白头翁。

lǐ yì shēng yú fù zú dào zéi chū yú dǔ bó
礼义生于富足，盗贼出于赌博。④

tiān shàng zhòng xīng jiē gǒng běi shì jiān wú shuǐ bù cháo dōng
天上众星皆拱北，世间无水不朝东。⑤

注释：①**乍**：突然。**受用**：享用。②**打头风**：逆风。③**“笋因”二句**：笋因为不断掉壳才成为竹子，鱼只有长途奔波才可变成龙。**箨**，笋壳。④**赌博**：有的版本作“贫穷”，“穷”与上下文押韵。⑤**拱北**：围绕着北斗星。**朝东**：往东流入大海。

月下吹笛图　明·仇　英

jūn zǐ ān pín dá rén zhī mìng

君子安贫，达人知命。①

liáng yào kǔ kǒu lì yú bìng zhōng yán nì ěr lì yú xíng

良药苦口利于病，忠言逆耳利于行。

shùn tiān zhě cún nì tiān zhě wáng

顺天者存，逆天者亡。②

rén wèi cái sǐ niǎo wèi shí wáng

人为财死，鸟为食亡。

fū qī xiāng hé hǎo qín sè yǔ shēng huáng

夫妻相合好，琴瑟与笙簧。③

shàn bì shòu kǎo è bì zǎo wáng

善必寿考，恶必早亡。④

shuǎng kǒu shí duō piān zuò bìng kuài xīn shì guò kǒng shēng yāng

爽口食多偏作病，快心事过恐生殃。⑤

注释：①**“君子”二句：**君子贫穷时也能安分守己，贤达之人知晓天命。②**“顺天”二句：**顺天意者就生存下来，违背天意者必然灭亡。③**“夫妻”二句：**夫妻之间和和美美，就像琴瑟与笙簧一样音韵和谐。④**寿考：**长寿。考，老，年纪大。⑤**“爽口”二句：**美味佳肴吃得太多反而要生病，高兴的事过後恐怕要出祸殃。

山水人物图　清·袁江

fù guì dìng yào yī běn fèn　pín qióng bú bì wǎng sī liang
富贵定要依本分，贫穷不必枉思量。①

huà shuǐ wú fēng kōng zuò làng　xiù huā suī hǎo bù wén xiāng
画水无风空作浪，绣花虽好不闻香。②

tān tā yì dǒu mǐ　shī què bàn nián liáng
贪他一斗米，失却半年粮；

zhēng tā yì jiǎo tún　fǎn shī yì zhǒu yáng
争他一脚豚，反失一肘羊。③

lóng guī wǎn dòng yún yóu shī　shè guò chūn shān cǎo mù xiāng
龙归晚洞云犹湿，麝过春山草木香。④

píng shēng zhǐ huì shuō rén duǎn　hé bù huí tóu bǎ jǐ liáng
平生只会说人短，何不回头把己量？

jiàn shàn rú bù jí　jiàn è rú tàn tāng
见善如不及，见恶如探汤。⑤

rén pín zhì duǎn　mǎ shòu máo cháng
人贫志短，马瘦毛长。

注释：①“富贵”二句：富贵的人一定要安分守己，贫穷的人不要有非分之想。②“画水”二句：画中之水波涛滚滚，但听不到风浪声；布上绣的花虽然好看，却闻不到花香。③“争他”二句：拿了别人的一个猪蹄，却失掉了一个羊肘子。比喻因小失大。④“龙归”二句：龙归洞时云彩还是湿的，麝走过的山地草也带有香味。⑤“见善”二句：看见好人好事唯恐自己赶不上，看到坏人坏事如手碰到沸水一样。

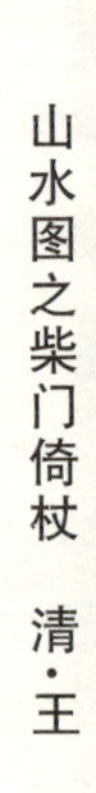
山水图之柴门倚杖　清·王云

zì jiā xīn lǐ jí　tā rén bù zhī máng
自家心里急，他人不知忙。

pín wú dá shì jiāng jīn zèng　bìng yǒu gāo rén shuō yào fāng
贫无达士将金赠，病有高人说药方。①

chù lái mò yǔ jìng　shì guò xīn qīng liáng
触来莫与竞，事过心清凉。②

qiū zhì mǎn shān duō xiù sè　chūn lái wú chù bù huā xiāng
秋至满山多秀色，春来无处不花香。

fán rén bù kě mào xiàng　hǎi shuǐ bù kě dǒu liáng
凡人不可貌相，海水不可斗量。

qīng qīng zhī shuǐ wéi tǔ suǒ fáng
清清之水为土所防，③

jǐ jǐ zhī shì wéi jiǔ suǒ shāng
济济之士为酒所伤。④

hāo cǎo zhī xià　huò yǒu lán xiāng
蒿草之下，或有兰香；

máo cí zhī wū　huò yǒu hóu wáng
茅茨之屋，或有侯王。

注释：①达士：贤达之士。**高人**：好心人。② **"触来"二句**：当别人触犯你的时候，不要与别人计较，事情过後心境自然会平静下来。③ **"清清"句**：再大的洪水也会被土挡住。④ **"济济"句**：多少豪杰志士也会被酒伤害。

古贤诗意图之饮中八仙　明·杜　堇

wú xiàn zhū mén shēng è piǎo　jǐ duō bái wū chū gōng qīng

无限朱门生饿殍，几多白屋出公卿。①

zuì hòu qián kūn dà　hú zhōng rì yuè cháng

醉後乾坤大，壶中日月长。②

wàn shì jiē yǐ dìng　fú shēng kōng zì máng

万事皆已定，浮生空自忙。③

qiān lǐ sòng háo máo　lǐ qīng rén yì zhòng

千里送毫毛，礼轻仁义重。

shì shì míng rú jìng　qián chéng àn sì qī

世事明如镜，前程暗似漆。④

jià shàng wǎn ér lún liú zhuàn　xí fù zì yǒu zuò pó shí

架上碗儿轮流转，媳妇自有做婆时。

rén shēng yí shì　rú jū guò xì

人生一世，如驹过隙。⑤

liáng tián wàn qǐng　rì shí yì shēng

良田万顷，日食一升；

dà shà qiān jiān　yè mián bā chǐ

大厦千间，夜眠八尺。

注释：①**朱门**：指豪门贵族。**生饿殍**：出现饿死的人。**白屋**：指贫穷人家。②**“醉後”二句**：人醉後会感到天地广阔，酒壶中包含着天地日月。③**浮生**：虚浮无定的人生。④**“世事”二句**：世上的事情都很明了，但个人的前程却很暗淡。⑤**如驹过隙**：指时间很快，一闪而过。

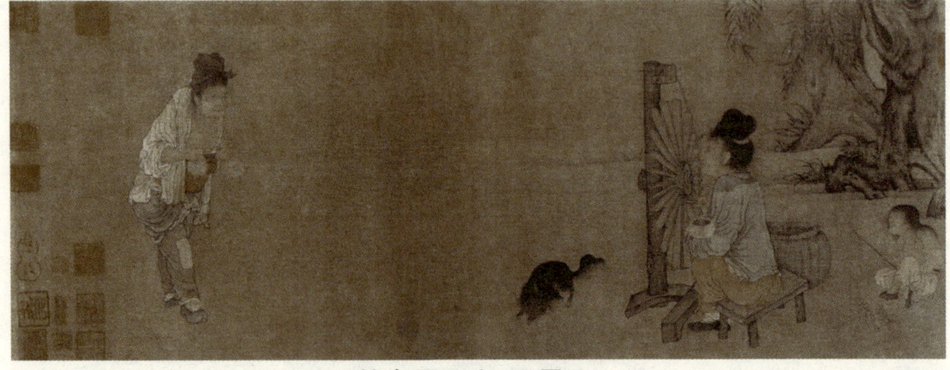

纺车图　宋·王居正

qiān jīng wàn diǎn, xiào tì wéi xiān.
千经万典，孝弟【悌】为先。

yí zì rù gōng mén, jiǔ niú tuō bù chū.
一字入公门，九牛拖不出。①

bā zì yá mén xiàng nán kāi, yǒu lǐ wú qián mò jìn lái.
八字衙门向南开，有理无钱莫进来。

fù cóng shēng gě qǐ, pín yīn bú suàn lái.
富从升合起，贫因不算来。②

jiā wú dú shū zǐ, guān cóng hé chù lái?
家无读书子，官从何处来？

rén jiān sī yǔ, tiān wén ruò léi;
人间私语，天闻若雷；③

àn shì kuī xīn, shén mù rú diàn.
暗室亏心，神目如电。④

注释：①“一字”二句：老百姓一旦吃官司进了官衙，再想出来就难了。②“富从”二句：富是由一点一滴积累起来的，贫穷都是因为不会精打细算造成的。合，容量单位，十合为一升。③“人间”二句：背地里说的悄悄话，老天都听得一清二楚。④“暗室”二句：暗地里做的亏心事，神灵都看得明明白白。

琴书高隐图　明·仇　英

yì háo zhī è　quàn rén mò zuò
一毫之恶，劝人莫作；
yì háo zhī shàn　yǔ rén fāng biàn
一毫之善，与人方便。
qī rén shì huò　ráo rén shì fú
欺人是祸，饶人是福。
tiān yǎn zhāo zhāo　bào yìng shèn sù
天眼昭昭，报应甚速。①
shèng xián yán yǔ　shén qīn guǐ fú
圣贤言语，神钦鬼服。②
rén gè yǒu xīn　xīn gè yǒu jiàn
人各有心，心各有见。
kǒu shuō bù rú shēn féng　ěr wén bù rú yǎn jiàn
口说不如身逢，耳闻不如眼见。

注释：①“天眼”二句：上天的眼睛是明亮的，人的行为都会很快得到相应的报应。
②钦：钦佩。服：服气。

蓬壶春晓图　清·王　云

yǎng bīng qiān rì　yòng bīng yì shí
养兵千日，用兵一时。

guó qīng cái zǐ guì　jiā fù xiǎo ér jiāo
国清才子贵，家富小儿娇。①

lì dāo gē tǐ shāng yóu hé　è yǔ shāng rén hèn bù xiāo
利刀割体伤犹合，恶语伤人恨不消。

yǒu cái kān chū zhòng　wú yī lǎn chū mén
有才堪出众，无衣懒出门。②

gōng dào shì jiān wéi bái fà　guì rén tóu shàng bù céng ráo
公道世间唯白髮，贵人头上不曾饶。③

wéi guān xū zuò xiàng　jí dì bì zhēng xiān
为官须作相，及第必争先。④

miáo cóng dì fā　shù yóu zhī fēn
苗从地發，树由枝分。

fù zǐ qīn ér jiā bú tuì　xiōng dì hé ér jiā bù fēn
父子亲而家不退，兄弟和而家不分。⑤

注释：①**“国清”二句**：国家政治清明，有才学的读书人就会受到重视；家境富裕，小孩容易娇气。②**堪出众**：可以打扮得超凡脱俗。③**“公道”二句**：只有人们头上的白髮，才是世间最公道的东西，即使是贵族富人，它也一视同仁，绝不放过。④**为官**：做官。**及第**：科举应试中选。⑤**退**：衰退。

东园图　明·文徵明

guān yǒu gōng fǎ mín yǒu sī yuē

官有公法，民有私约。①

xián shí bù shāo xiāng jí shí bào fó jiǎo

闲时不烧香，急时抱佛脚。

xìng shēng tài píng wú shì rì kǒng fáng nián lǎo bù duō shí

幸生太平无事日，恐防年老不多时。

guó luàn sī liáng jiàng jiā pín sī xián qī

国乱思良将，家贫思贤妻。

chí táng jī shuǐ xū fáng hàn tián tǔ shēn gēng zú yǎng jiā

池塘积水须防旱，田土深耕足养家。

gēn shēn bú pà fēng yáo dòng shù zhèng hé chóu yuè yǐng xiá

根深不怕风摇动，树正何愁月影斜。

xué zài yì rén zhī xià yòng zài wàn rén zhī shàng

学在一人之下，用在万人之上。②

yí zì wéi shī zhōng shēn rú fù

一字为师，终身如父。③

注释：①私约：指乡规民约。②“学在”二句：从一个人那里学到的东西，可以用在千千万万人身上。③“一字”二句：从老师那里学到点滴知识，就要终身像对待父亲那样尊敬老师。

圣迹图之学琴师襄 明·佚 名

wàng ēn fù yì qín shòu zhī tú
忘恩负义，禽兽之徒。

quàn jūn mò jiāng yóu chǎo cài liú yǔ ér sūn yè dú shū
劝君莫将油炒菜，留与儿孙夜读书。①

shū zhōng zì yǒu qiān zhōng sù shū zhōng zì yǒu yán rú yù
书中自有千钟粟，书中自有颜如玉。②

mò yuàn tiān lái mò yuàn rén wǔ xíng bā zì mìng shēng chéng
莫怨天来莫怨人，五行八字命生成。

mò yuàn zì jǐ qióng qióng yào qióng de gān jìng
莫怨自己穷，穷要穷得干净；

mò xiàn tā rén fù fù yào fù de qīng gāo
莫羡他人富，富要富得清高。

注释：①莫将油炒菜：古时以植物油点灯照明，省下油来可点灯读书。**②千钟粟：**指很多俸禄。**钟：**古代容量单位，六石四斗为一钟。

梧竹书堂图　明·仇　英

bié rén qí mǎ wǒ qí lǘ　zǐ xì sī liang wǒ bù rú
别人骑马我骑驴，仔细思量我不如，

děng wǒ huí tóu kàn　hái yǒu tiāo jiǎo hàn
等我回头看，还有挑脚汉。

lù shang yǒu jī rén　jiā zhōng yǒu shèng fàn
路上有饥人，家中有剩饭，

jī dé yǔ ér sūn　yào guǎng xíng fāng biàn
积德与儿孙，要广行方便。①

zuò shàn guǐ shén qīn　zuò è zāo tiān qiǎn
作善鬼神钦，作恶遭天谴。②

jī qián jī gǔ　bù rú jī dé
积钱积穀，不如积德；

mǎi tián mǎi dì　bù rú mǎi shū
买田买地，不如买书。

yí rì chūn gōng shí rì liáng　shí rì chūn gōng bàn nián liáng
一日春工十日粮，十日春工半年粮。③

shū lǎn rén méi chī　qín jiǎn liáng mǎn cāng
疏懒人没吃，勤俭粮满仓。

rén qīn cái bù qīn　cái lì yào fēn qīng
人亲财不亲，财利要分清。④

注释：①**与**：给。②**钦**：敬重。**谴**：责备。③**春工**：春季不违农时之工。④**“人亲”二句**：即使是亲属之间，钱财利益也要分清楚。

归去来辞之农人告余以春及图　明·马　轼

shí fēn líng lì shǐ qī fēn　cháng liú sān fēn yǔ ér sūn
十分伶俐使七分，常留三分与儿孙，
ruò yào shí fēn dōu shǐ jìn　yuǎn zài ér sūn jìn zài shēn
若要十分都使尽，远在儿孙近在身。①
jūn zǐ lè de zuò jūn zǐ　xiǎo rén wǎng zì zuò xiǎo rén
君子乐得做君子，小人枉自做小人。
hào xué zhě zé shù mín zhī zǐ wéi gōng qīng
好学者则庶民之子为公卿，
bú hào xué zhě zé gōng qīng zhī zǐ wéi shù mín
不好学者则公卿之子为庶民。②
xī qián xiū jiào zǐ　hù duǎn mò cóng shī
惜钱休教子，护短莫从师。③
jì de jiù wén zhāng　biàn shì xīn jǔ zǐ
记得旧文章，便是新举子。④
rén zài jiā zhōng zuò　huò cóng tiān shàng lái
人在家中坐，祸从天上来。
dàn qiú xīn wú kuì　bú pà yǒu hòu zāi
但求心无愧，不怕有後灾。

注释： ①“十分”四句：十分的聪明用上七分即可，留三分给儿孙。如果十分聪明都用尽，那就会聪明反被聪明误，近的误了自己，远的会误了儿孙。②“好学”二句：好学的人即使是平民之子，也可以做大官；不好学的人即使是官宦子弟，日後也会破落成为平民。③“惜钱”二句：舍不得钱财，就不要教育子女；庇护缺点，就不要从师学习。④“记得”二句：能弄懂并背得圣贤们的文章，就能考取为新的举人。

消夏图　元·刘贯道

zhǐ yǒu hé qì qù yíng rén　nǎ yǒu xiāng dǎ dé tài píng
只有和气去赢人，哪有相打得太平？
zhōng hòu zì yǒu zhōng hòu bào　háo qiáng yí dìng shòu guān xíng
忠厚自有忠厚报，豪强一定受官刑。
rén dào gōng mén zhèng hǎo xiū　liú xiē yīn dé zài hòu tou
人到公门正好修，留些阴德在後头。①
wéi rén hé bì zhēng gāo xià　yí dàn wú mìng wàn shì xiū
为人何必争高下，一旦无命万事休。
shān gāo bú suàn gāo　rén xīn bǐ tiān gāo
山高不算高，人心比天高；
bái shuǐ biàn jiǔ mài　hái xián zhū wú zāo
白水变酒卖，还嫌猪无糟。②
pín hán xiū yào yuàn　fù guì bù xū jiāo
贫寒休要怨，富贵不须骄。
shàn è suí rén zuò　huò fú zì jǐ zhāo
善恶随人作，祸福自己招。
fèng quàn jūn zǐ　gè yí shǒu jǐ
奉劝君子，各宜守己，
zhǐ cǐ chéng shì　wàn wú yì shī
只此呈示，万无一失。③

注释：①“人到”二句：人进了官府正好修炼，为自己身後积些阴德。②“山高”二句：山再高也没有天高，但人心有时比天还高；把白水当酒卖给别人，还埋怨自家猪没酒糟吃。③“奉劝”二句：奉劝天下的正人君子都要安分守己，遵纪守法。只要做到上面说的一切，可以保证你万无一失，一帆风顺。

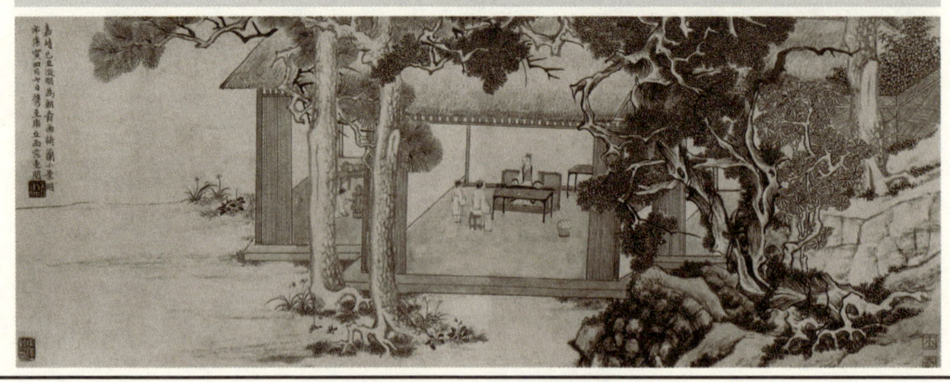

猗兰室图　明·文徵明

附：重订增广

清·周希陶编

巫峡秋涛图 清·袁耀

序

古圣贤千言万语，无非教人为善耳。然与流俗人言，文言之不解，又俗言以晓之；直言之不受，又婉言以通之；且善言之不入，又法言以儆之，世之人安得有得意忘言者与之言哉！至若不屑之教，微已，抑又苦已。《增广》之集，非由是与。其次以韵者，非无谓也。盖声音之道，与性情通。故闻呦呦之韵，鹿且呼群；听嘤嘤之韵，鸟犹求友。况人为万物之灵，入于耳，必动于心，将和其声，以鸣国家之盛，未始非韵语引人入胜之一证也。若《三字经》、《百家姓》、《千字文》、三百篇《诗》，皆有韵，试讽咏之，何如？今周子希陶，本老学究，课读之馀，集古今名言正论，将增广而参订之。有文言，有俗言，有直言，有婉言，有善恶言、勉戒言、在家出家言，復有仕宦治世言，隐逸出世言，士农工商，无一不备。理切身心，韵分次第，略备稽考，微加音解，诚善本也。释子云峰，玉成其美，捐资付梓。是二子，殆深虑乎世道人心而为之者。可与流俗言，又不仅与流俗言。

郡人健斋何荣爵管见

自叙

昔舜好问，而好察迩言，盖言以明道，未可以其近而忽之也。夫以大舜之智，犹以察焉，况其下者乎。若《增广》一书，行世已久，不知集自何人。节录杂记，雅俗兼收，虽无统纪，而言浅意深，确中人情，虽迩言，而持己接物之道存焉。但其间多有语病，如“欺老莫欺少”、“红粉佳人休便老，风流浪子莫教贫”之类，余窃弃之，补以经传格言之简易者，次以平上去入四韵，略加音注释典，以便俗学。夫人莫不欲保身家也，保身家惟读书为最，而读书又以体行为贵。资质钝者，既不能究四子、六经之奥，若于《小学》外兼读此书，体而行之，纵不能升堂入室，亦不失为克家之令子，里党之正人。而风俗益臻于淳美，非特一身一家已也。苟不量子弟之智愚贤否，而徒浮慕经典，岂数载占毕，遂能窥其美富哉！一旦半途而废，未有不尽弃其前功者。种五穀不熟，不如荑稗之为愈也。是可为苗而不秀、秀而不实者告。

同治八年己巳冬南至日，希陶山人识于晚香书屋。

梵林图　明·项元汴

观涛图　清·袁江

xī shí xián wén huì rǔ zhūn zhūn
昔时贤文，诲汝谆谆，

jí yùn zēng guǎng duō jiàn duō wén
集韵增广，多见多闻。

guān jīn yí jiàn gǔ wú gǔ bù chéng jīn
观今宜鉴古，无古不成今。

xián nǎi guó zhī bǎo rú wéi xí shàng zhēn
贤乃国之宝，儒为席上珍。

nóng gōng yǔ shāng gǔ jiē yí dūn wǔ lún
农工与商贾，皆宜敦五伦。

xiào tì wéi xiān wù běn lì ér dào shēng
孝弟悌为先务，本立而道生。

zūn shī yǐ zhòng dào ài zhòng ér qīn rén
尊师以重道，爱众而亲仁。

qián cái rú fèn tǔ rén yì zhí qiān jīn
钱财如粪土，仁义值千金。

zuò shì xū xún tiān lǐ chū yán yào shùn rén xīn
作事须循天理，出言要顺人心。

xīn shù bù kě dé zuì yú tiān dì
心术不可得罪于天地，

yán xìng yào liú hǎo yàng yǔ ér sūn
言行要留好样与儿孙。

chǔ fù guì dì yào jīn lián pín jiàn de tòng yǎng
处富贵地，要矜怜贫贱的痛痒；

dāng shào zhuàng shí xū tǐ niàn shuāi lǎo de suān xīn
当少壮时，须体念衰老的酸辛。

xiào dāng jié lì fēi tú yǎng shēn
孝当竭力，非徒养身。

yā yǒu fǎn bǔ zhī xiào yáng zhī guì rǔ zhī ēn
鸦有反哺之孝，羊知跪乳之恩。

兰亭图之一　南宋·无　款

重订增广

qǐ wú yuǎn dào sī qīn lèi　bù jí gāo táng niàn zǐ xīn
岂无远道思亲泪，不及高堂念子心。

ài rì yǐ chéng huān　mò dài dīng lán kè mù sì
爱日以承欢，莫待丁兰刻木祀；

chuí niú ér jì mù　bù rú jī tún dài qīn cún
椎牛而祭墓，不如鸡豚逮亲存。

xiōng dì xiāng hài　bù rú yǒu shēng
兄弟相害，不如友生；

wài yù qí wǔ　mò rú dì xiōng
外御其侮，莫如弟兄。

yǒu jiǔ yǒu ròu duō xiōng dì　jí nán hé céng jiàn yì rén
有酒有肉多兄弟，急难何曾见一人！

yì huí xiāng jiàn yì huí lǎo　néng dé jǐ shí wéi dì xiōng
一回相见一回老，能得几时为弟兄。

fù zǐ hé ér jiā bú bài　xiōng dì hé ér jiā bù fēn
父子和而家不败，兄弟和而家不分。

xiāng dǎng hé ér zhēng sòng xī　fū fù hé ér jiā dào xīng
乡党和而争讼息，夫妇和而家道兴。

zhī yuán huā dǐ yīng shēng qiǎo　suì shǐ tiān biān yàn yǐng fēn
祇缘花底莺声巧，遂使天边雁影分。

zhū è mò zuò　zhòng shàn fèng xíng
诸恶莫作，众善奉行，

zhī jǐ zhī bǐ　jiāng xīn bǐ xīn
知己知彼，将心比心。

zé rén zhī xīn zé jǐ　ài jǐ zhī xīn ài rén
责人之心责己，爱己之心爱人。

zài sān xū shèn yì　dì yī mò qī xīn
再三须慎意，第一莫欺心。

nìng kě rén fù wǒ　qiè mò wǒ fù rén
宁可人负我，切莫我负人。

兰亭图之二　南宋·无　款

tān ài chén nì jí kǔ hǎi　lì yù chì rán shì huǒ kēng
贪爱沉溺即苦海，利欲炽然是火坑。

suí shí mò qǐ qū shí niàn　tuō sú xiū cún jiǎo sú xīn
随时莫起趋时念，脱俗休存矫俗心。

hèng nì kùn qióng　zhí cóng qǐ chù tǎo yóu lái　yóu yuàn yóu zì xī
横逆困穷，直从起处讨由来，由怨尤自息；

gōng míng fù guì　hái xiàng miè shí guān jiū jìng　zé tān liàn zì qīng
功名富贵，还向灭时观究竟，则贪恋自轻。

zhòu zuò xī yīn　yè zuò xī dēng
昼坐惜阴，夜坐惜灯。

dú shū xū yòng yì　yí zì zhí qiān jīn
读书须用意，一字值千金。

jiǔ féng zhī jǐ yǐn　shī xiàng huì rén yín
酒逢知己饮，诗向会人吟。

xiāng shí mǎn tiān xià　zhī xīn néng jǐ rén
相识满天下，知心能几人？

xiāng féng hǎo sì chū xiāng shí　dào lǎo zhōng wú yuàn hèn xīn
相逢好似初相识，到老终无怨恨心。

píng shēng bú zuò zhòu méi shì　shì shàng yīng wú qiè chǐ rén
平生不作皱眉事，世上应无切齿人。

qī chí péng hù　ěr mù suī jū ér shén qíng zì kuàng
栖迟蓬户，耳目虽拘而神情自旷；

jié nà shān wēng　yí wén suī lüè ér yì niàn cháng zhēn
结纳山翁，仪文虽略而意念常真。

yíng jǐn zì zhào　yàn bù gū xíng
萤仅自照，雁不孤行。

miáo cóng dì fā　ǒu yóu lián shēng
苗从蒂發，藕由莲生。

兰亭图之三　南宋·无　款

jìn shuǐ zhī yú xìng　jìn shān shí niǎo yīn
近水知鱼性，近山识鸟音。

lù yáo zhī mǎ lì　shì jiǔ jiàn rén xīn
路遥知马力，事久见人心。

yùn qù jīn chéng tiě　shí lái tiě sì jīn
运去金成铁，时来铁似金。

mǎ xíng wú lì jiē yīn shòu　rén bù fēng liú zhǐ wèi pín
马行无力皆因瘦，人不风流只为贫。

jìn shuǐ lóu tái xiān dé yuè　xiàng yáng huā mù zǎo féng chūn
近水楼台先得月，向阳花木早逢春。

ráo rén bú shì chī hàn　chī hàn bú huì ráo rén
饶人不是痴汉，痴汉不会饶人。

bù shuō zì jǐ tǒng suǒ duǎn　dàn yuàn rén jiā gū jǐng shēn
不说自己桶索短，但怨人家箍井深。

měi bù měi　xiāng zhōng shuǐ　qīn bù qīn　gù xiāng rén
美不美，乡中水；亲不亲，故乡人。

gē bú duàn de qīn　lí bù kāi de lín
割不断的亲，离不开的邻。

xiāng jiàn yì dé hǎo　jiǔ zhù nán wéi rén
相见易得好，久住难为人。

kè lái zhǔ bú gù　yīng kǒng shì chī rén
客来主不顾，应恐是痴人。

zài jiā bú huì yíng bīn kè　chū lù fāng zhī shǎo zhǔ rén
在家不会迎宾客，出路方知少主人。

qún jū shǒu kǒu　dú zuò fáng xīn
群居守口，独坐防心。

zhì cóng féi gān sàng　xīn yǐ dàn bó míng
志从肥甘丧，心以淡泊明。

yǒu qián kān chū zhòng　zāo nàn mò xún qīn
有钱堪出众，遭难莫寻亲。

兰亭图之四　南宋·无　款

yuǎn shuǐ nán jiù jìn huǒ　yuǎn qīn bù rú jìn lín
远水难救近火，远亲不如近邻。

liǎng rén yì bān xīn　yǒu qián kān mǎi jīn
两人一般心，有钱堪买金；

yì rén yì bān xīn　wú qián kān mǎi zhēn
一人一般心，无钱堪买针。

lì wēi xiū fù zhòng　yán qīng mò quàn rén
力微休负重，言轻莫劝人。

tīng huà rú cháng tāng　jiāo cái shǐ jiàn xīn
听话如尝汤，交财始见心。

yì zhǎng yì tuì shān xī shuǐ　yì fǎn yì fù xiǎo rén xīn
易涨易退山溪水，易反易覆小人心。

huà hǔ huà pí nán huà gǔ　zhī rén zhī miàn bù zhī xīn
画虎画皮难画骨，知人知面不知心。

shuí rén bèi hòu wú rén shuō　nǎ gè rén qián bù shuō rén
谁人背後无人说，哪个人前不说人？

dàn xíng hǎo shì　mò wèn qián chéng
但行好事，莫问前程。

dùn niǎo xiān fēi　dà qì wǎn chéng
钝鸟先飞，大器晚成。

qiān lǐ bù qī gū　dú mù bù chéng lín
千里不欺孤，独木不成林。

pín jū nào shì wú rén wèn　fù zài shēn shān yǒu yuǎn qīn
贫居闹市无人问，富在深山有远亲。

rén qíng sì zhǐ zhāng zhāng báo　shì shì rú qí jú jú xīn
人情似纸张张薄，世事如棋局局新。

shì rén jié jiāo xū huáng jīn　huáng jīn bù duō jiāo bù shēn
世人结交须黄金，黄金不多交不深。

zòng lìng rán nuò zàn xiāng xǔ　zhōng shì yōu yōu xíng lù xīn
纵令然诺暂相许，终是悠悠行路心。

兰亭图之五　南宋·无　款

dāng jú zhě mèi páng guān zhě míng
当局者昧，旁观者明。

hé xiá shuǐ jí rén jí jì shēng
河狭水急，人急计生。

bǎo nuǎn sī yín yì jī hán qǐ dào xīn
饱暖思淫佚，饥寒起盗心。

fēi é pū dēng gān jiù huò chūn cán zuò jiǎn zì chán shēn
飞蛾扑灯甘就镬，春蚕作茧自缠身。

jiāng zhōng hòu làng cuī qián làng shì shàng xīn rén gǎn jiù rén
江中後浪催前浪，世上新人赶旧人。

rén shēng yí shì cǎo shēng yì chūn
人生一世，草生一春。

lái rú fēng yǔ qù sì wēi chén
来如风雨，去似微尘。

nào lǐ yǒu qián jìng chù ān shēn
闹里有钱，静处安身。

míng zhī shān yǒu hǔ mò xiàng hǔ shān xíng
明知山有虎，莫向虎山行。

yīng huā yóu pà fēng guāng lǎo qǐ kě jiào rén wǎng dù chūn
莺花犹怕风光老，岂可教人枉度春？

xiāng féng bù yǐn kōng guī qù dòng kǒu táo huā yě xiào rén
相逢不饮空归去，洞口桃花也笑人。

zuó rì huā kāi jīn rì xiè bǎi nián rén yǒu wàn nián xīn
昨日花开今日谢，百年人有万年心。

běi máng huāng zhǒng wú pín fù yù lěi fú yún biàn gǔ jīn
北邙荒冢无贫富，玉垒浮云变古今。

xìng míng wú dé fēi jiā zhào luàn shì duō cái shì huò gēn
倖名无德非佳兆，乱世多财是祸根。

shì shì máng máng nán zì liào qīng fēng míng yuè lěng kàn rén
世事茫茫难自料，清风明月冷看人。

兰亭图之六　南宋·无　款

quàn jūn mò zuò shǒu cái lǔ　sǐ qù hé céng dài yì wén
劝君莫作守财虏，死去何曾带一文！
xuè ròu shēn qū qiě guī pào yǐng　hé lùn yǐng wài zhī yǐng
血肉身躯且归泡影，何论影外之影；
shān hé dà dì shàng shǔ wēi chén　ér kuàng chén zhōng zhī chén
山河大地尚属微尘，而况尘中之尘。
sù xiào mò qiú　xiǎo lì mò zhēng
速效莫求，小利莫争。
míng gāo dù qǐ　chǒng jí bàng shēng
名高妒起，宠极谤生。
zhòng nù nán fàn　zhuān yù nán chéng
众怒难犯，专欲难成。
wù jí bì fǎn　qì mǎn zé qīng
物极必反，器满则倾。
yù zhī sān chā lù　xū wèn qù lái rén
欲知三叉路，须问去来人。
sān shí nián qián rén xún bìng　sān shí nián hòu bìng xún rén
三十年前人寻病，三十年後病寻人。
dà fù yóu mìng　xiǎo fù yóu qín
大富由命，小富由勤。
zì hèn zhī wú yè　mò wèi rì wú yīn
自恨枝无叶，莫谓日无阴。
yì nián zhī jì zài yú chūn　yí rì zhī jì zài yú yín
一年之计在于春，一日之计在于寅，
yì jiā zhī jì zài yú hé　yì shēng zhī jì zài yú qín
一家之计在于和，一生之计在于勤。
zé xù guān tóu jiǎo　qǔ nǚ fǎng yōu zhēn
择婿观头角，娶女访幽贞。
dà dǐ qǔ tā gēn gǔ hǎo　fù guì pín jiàn fēi suǒ lùn
大抵取他根骨好，富贵贫贱非所论。

兰亭图之七　南宋·无　款

wú xiàn zhū mén shēng è piǎo　jǐ duō bái wū chū gōng qīng
无限朱门生饿殍，几多白屋出公卿。

líng yún jiǎ dì gēng xīn zhǔ　shèng gài míng yuán fēi jiù rén
凌云甲第更新主，胜概名园非旧人。

zhòng kǒu nán biàn　gū zhǎng nán míng
众口难辩，孤掌难鸣。

dāng chǎng bú zhàn　guò hòu xīng bīng
当场不战，过後兴兵。

yì féi zhē bǎi chǒu　sì liǎng bō qiān jīn
一肥遮百丑，四两拨千斤。

wú bìng xiū xián shòu　shēn ān mò yuàn pín
无病休嫌瘦，身安莫怨贫。

qǐ néng jìn rú rén yì　dàn qiú bú kuì wǒ xīn
岂能尽如人意，但求不愧我心。

yǔ lù bù zī wú běn cǎo　hùn cái bú fù mìng qióng rén
雨露不滋无本草，混财不富命穷人。

màn cáng huì dào　yě róng huì yín
慢藏诲盗，冶容诲淫。

piān tīng zé àn　jiān tīng zé míng
偏听则暗，兼听则明。

ěr wén shì xū　yǎn jiàn shì shí
耳闻是虚，眼见是实。

yì quǎn fèi yǐng　bǎi quǎn fèi shēng
一犬吠影，百犬吠声。

mò xìn zhí zhōng zhí　xū fáng rén bù rén
莫信直中直，须防仁不仁。

hǔ shēn yóu kě jìn　rén dú bù kān qīn
虎身犹可近，人毒不堪亲。

lái shuō shì fēi zhě　biàn shì shì fēi rén
来说是非者，便是是非人。

兰亭图之八　南宋·无　款

shì lù yóu tā xiǎn　jū xīn rèn wǒ píng
世路由他险，居心任我平。

xīng xīng cháng bù zú　méng méng zuò gōng qīng
惺惺常不足，懞懞作公卿。

biàn shēn qǐ luó zhě　bú shì yǎng cán rén
遍身绮罗者，不是养蚕人。

wú sī xiǎo huì ér shāng dà tǐ　wú jiè gōng lùn ér kuài sī qíng
毋私小惠而伤大体，毋借公论而快私情。

wú yǐ jǐ cháng ér xíng rén zhī duǎn
毋以己长而形人之短，

wú yīn jǐ zhuō ér jì rén zhī néng
毋因己拙而忌人之能。

wù shì shì lì ér líng bī gū guǎ
勿恃势力而凌逼孤寡，

wù tān kǒu fù ér zì shā shēng qín
勿贪口腹而恣杀牲禽。

yǐ shì líng rén　shì bài rén líng wǒ
倚势凌人，势败人凌我；

qióng xiàng zhuī gǒu　xiàng qióng gǒu yǎo rén
穷巷追狗，巷穷狗咬人。

jiàn sè ér qǐ yín xīn　bào zài qī nǚ
见色而起淫心，报在妻女；

nì yuàn ér yòng àn jiàn　huò yán zǐ sūn
匿怨而用暗箭，祸延子孙。

xiān dào wéi jūn　hòu dào wéi chén
先到为君，後到为臣。

mò dào jūn xíng zǎo　gèng yǒu zǎo xíng rén
莫道君行早，更有早行人。

miè què xīn tóu huǒ　tī qǐ fó qián dēng
灭却心头火，剔起佛前灯。

溪桥策杖图　明·文伯仁

重订增广

píng rì bú zuò kuī xīn shì　bàn yè qiāo mén xīn bù jīng
平日不作亏心事，半夜敲门心不惊。

mǔ dān huā hǎo kōng rù mù　zǎo huā suī xiǎo jiē shí chéng
牡丹花好空入目，枣花虽小结实成。

zhòng xīng lǎng lǎng　bù rú gū yuè dú míng
众星朗朗，不如孤月独明。

zhào tǎ céng céng　bù rú àn chù yì dēng
照塔层层，不如暗处一灯。

gǔ dǎ qiān chuí　bù rú léi hōng yì shēng
鼓打千椎，不如雷轰一声。

liáng tián bǎi mǔ　bù rú bó jì suí shēn
良田百亩，不如薄技随身。

fù hòu fú zé　bú guò hòu wú zhī shēng
富厚福泽，不过厚吾之生；

pín jiàn yōu qī　nǎi shì yù rǔ yú chéng
贫贱忧戚，乃是玉汝于成。

mìng báo fú qiǎn　shù dà gēn shēn
命薄福浅，树大根深。

fēi shàng shàng zhì　wú liǎo liǎo xīn
非上上智，无了了心。

hù jí jì yī　yǎn ěr dào líng
护疾忌医，掩耳盗铃。

liè shì ràng qiān shèng　tān fū zhēng yì wén
烈士让千乘，贪夫争一文。

qì shì wú míng huǒ　rěn shì dí zāi xīng
气是无明火，忍是敌灾星。

dàn cún fāng cùn dì　liú yǔ zǐ sūn gēng
但存方寸地，留与子孙耕。

wàn shì quàn rén xiū mán mèi　jǔ tóu sān chǐ yǒu shén míng
万事劝人休瞒昧，举头三尺有神明。

北京八景图之金台夕照　明·王　绂

wéi è wèi rén zhī　è zhōng yóu yǒu shàn lù
为恶畏人知，恶中犹有善路；

wéi shàn jí rén zhī　shàn chù jí shì è gēn
为善急人知，善处即是恶根。

pín jiàn jiāo rén　suī shè xū jiāo　hái yǒu jǐ fēn xiá qì
贫贱骄人，虽涉虚矫，还有几分侠气；

jiān xióng qī shì　zòng sì huī huò　quán méi bàn diǎn zhēn xīn
奸雄欺世，纵似挥霍，全没半点真心。

sǎo dì hóng chén fēi　cái zhuó gōng fū biàn qǐ zhàng
扫地红尘飞，才著工夫便起障；

kāi chuāng rì yuè jìn　néng tōng líng qiào zì shēng míng
开窗日月进，能通灵窍自生明。

fā niàn chù jí è sān dà yù　dào tóu shí fāng quán yì diǎn zhēn
發念处即遏三大欲，到头时方全一点真。

shǒu fèn ān mìng　qū jí bì xiōng
守分安命，趋吉避凶。

shí zhēn fāng zhī jiǎ　wú jiān bù xiǎn zhōng
识真方知假，无奸不显忠。

rén wú qiān rì hǎo　huā wú bǎi rì hóng
人无千日好，花无百日红。

rén lǎo xīn bù lǎo　rén qióng zhì bù qióng
人老心不老，人穷志不穷。

zuò shàng kè cháng mǎn　bēi zhōng jiǔ bù kōng
座上客常满，杯中酒不空。

lǐ yì xīng yú fù zú　dào zéi chū yú pín qióng
礼义兴于富足，盗贼出于贫穷。

zhà fù bù zhī xīn shòu yòng　zhà pín nán gǎi jiù jiā fēng
乍富不知新受用，乍贫难改旧家风。

tiān shàng yǒu xīng jiē gǒng běi　shì jiān wú shuǐ bù cháo dōng
天上有星皆拱北，世间无水不朝东。

北京八景图之太液晴波　明·王　绂

bái fà bù suí rén lǎo qù　zhuǎn yǎn yòu shì bái tóu wēng
白髮不随人老去，转眼又是白头翁。

wū lòu gèng zāo lián yè yǔ　chuán màn yòu bèi dǎ tóu fēng
屋漏更遭连夜雨，船慢又被打头风。

sǔn yīn luò tuò fāng chéng zhú　yú wèi bēn bō shǐ huà lóng
笋因落箨方成竹，鱼为奔波始化龙。

rǔ wéi bù jīn　tiān xià mò yǔ rǔ zhēng néng
汝惟不矜，天下莫与汝争能；

rǔ wéi bù fá　tiān xià mò yǔ rǔ zhēng gōng
汝惟不伐，天下莫与汝争功。

míng bù shāng chá　zhí bú guò jiǎo
明不伤察，直不过矫。

rén néng shàn duàn　qīng néng yǒu róng
仁能善断，清能有容。

bú jìn rén zhī huān　bù jié rén zhī zhōng
不尽人之欢，不竭人之忠。

bú zì shì ér lù cái　bù qīng shì yǐ xìng gōng
不自是而露才，不轻试以幸功。

shòu xiǎng bù yú fèn wài　xiū chí bù jiǎn fèn zhōng
受享不逾分外，修持不减分中。

dài rén wú bàn háo zhà wěi qī yǐn
待人无半毫诈伪欺隐，

chǔ shì zhǐ yí wèi zhèn dìng cōng róng
处事只一味镇定从容。

gān cháng xù ruò chūn fēng　suī náng fá yì wén　hái lián qióng dú
肝肠煦若春风，虽囊乏一文，还怜茕独；

qì gǔ qīng rú qiū shuǐ　zòng jiā tú sì bì　zhōng ào wáng gōng
气骨清如秋水，纵家徒四壁，终傲王公。

jí xíng huǎn xíng　qián chéng zhǐ yǒu xǔ duō lù
急行缓行，前程只有许多路；

nì qǔ shùn qǔ　dào tóu zǒng shì yì chǎng kōng
逆取顺取，到头总是一场空。

北京八景图之琼岛春云　明·王　绂

增广贤文

shēng bú rèn hún sǐ bú rèn shī
生不认魂，死不认尸。

hǎo yán nán dé è yǔ yì shī
好言难得，恶语易施。

měi yù kě gū shàn gǔ qiě dài
美玉可沽，善贾且待。

wǎ zèng jì duò fǎn gù hé wéi
瓦甑既堕，反顾何为？

yīng xióng xíng xiǎn dào fù guì sì huā zhī
英雄行险道，富贵似花枝。

rén qíng mò dào chūn guāng hǎo zhǐ pà qiū lái yǒu lěng shí
人情莫道春光好，只怕秋来有冷时。

fù mǔ ēn shēn zhōng yǒu bié fū qī yì zhòng yě fēn lí
父母恩深终有别，夫妻义重也分离。

rén shēng sì niǎo tóng lín sù dà xiàn lái shí gè zì fēi
人生似鸟同林宿，大限来时各自飞。

zǎo bǎ gān zhǐ qín fèng yǎng xī yáng guāng jǐng bù duō shí
早把甘旨勤奉养，夕阳光景不多时。

rén shàn bèi rén qī mǎ shàn bèi rén qí
人善被人欺，马善被人骑。

rén è rén pà tiān bú pà rén shàn rén qī tiān bù qī
人恶人怕天不怕，人善人欺天不欺。

shàn è dào tóu zhōng yǒu bào zhǐ zhēng lái zǎo yǔ lái chí
善恶到头终有报，只争来早与来迟。

lóng yóu qiǎn shuǐ zāo xiā xì hǔ luò píng yáng bèi quǎn qī
龙游浅水遭虾戏，虎落平阳被犬欺。

dàn jiāng lěng yǎn guān páng xiè kàn nǐ héng xíng dào jǐ shí
但将冷眼观螃蟹，看你横行到几时。

huáng hé shàng yǒu chéng qīng rì qǐ yǒu rén wú dé yùn shí
黄河尚有澄清日，岂有人无得运时？

北京八景图之玉泉垂虹　明·王　绂

shí nián chuāng xià wú rén shí　yì jǔ chéng míng tiān xià zhī
十年窗下无人识，一举成名天下知。

yàn què nǎ zhī hóng hú zhì　hǔ láng qǐ bèi quǎn yáng qī
燕雀哪知鸿鹄志，虎狼岂被犬羊欺。

shì yè wén zhāng　suí shēn xiāo huǐ　ér jīng shén wàn gǔ bú miè
事业文章，随身消毁，而精神万古不灭；

gōng míng fù guì　zhú shì zhuǎn yí　ér qì jié qiān zǎi rú sī
功名富贵，逐世转移，而气节千载如斯。

dé chǒng sī rǔ　jū ān sī wēi
得宠思辱，居安思危。

guó luàn sī liáng xiàng　jiā pín sī liáng qī
国乱思良相，家贫思良妻。

róng chǒng páng biān rǔ děng dài　pín jiàn bèi hòu fú gēn suí
荣宠旁边辱等待，贫贱背後福跟随。

chéng míng měi zài qióng kǔ rì　bài shì duō yīn dé yì shí
成名每在穷苦日，败事多因得意时。

shēng jì wǎn jǐng cóng liáng　bàn shì zhī yān huā wú ài
声妓晚景从良，半世之烟花无碍；

zhēn fù bái tóu shī shǒu　yì shēng zhī qīng kǔ jù fēi
贞妇白头失守，一生之清苦俱非。

xián shì xiū guǎn　wú shì zǎo guī
闲事休管，无事早归。

jiǎ ráo rǎn jiù zhēn hóng sè　yě bèi páng rén shuō shì fēi
假饶染就真红色，也被旁人说是非。

cháng jiāng jiǔ yào kāi méi suǒ　mò bǎ xīn jī zhī bìn sī
常将酒钥开眉锁，莫把心机织鬓丝。

wéi rén mò zuò qiān nián jì　sān shí hé dōng sì shí xī
为人莫作千年计，三十河东四十西。

qiū chóng chūn niǎo　gòng chàng tiān jī　hé bì làng shēng bēi xǐ
秋虫春鸟，共畅天机，何必浪生悲喜；

lǎo shù xīn huā　tóng hán shēng yì　hú wèi wàng bié yán chī
老树新花，同含生意，胡为妄别妍媸。

北京八景图之居庸叠翠　明·王　绂

xǔ rén yí wù　qiān jīn bù yí
许人一物，千金不移。

yì yán jì chū　sì mǎ nán zhuī
一言既出，驷马难追。

bǐ sè zhī jí　bì shēng shē nán
鄙啬之极，必生奢男；

hòu dé zhī zhì　dìng chǎn jiā ér
厚德之至，定产佳儿。

rì qín sān xǐng　yè tì sì zhī
日勤三省，夜惕四知。

bó xué ér dǔ zhì　qiè wèn ér jìn sī
博学而笃志，切问而近思。

shào nián bù nǔ lì　lǎo dà tú shāng bēi
少年不努力，老大徒伤悲。

xī qián xiū jiào zǐ　hù duǎn mò cóng shī
惜钱休教子，护短莫从师。

xū zhī rú zǐ kě jiào　wù wèi tóng zǐ hé zhī
须知孺子可教，勿谓童子何知。

yì jǔ shǒu dēng lóng hǔ bǎng　shí nián shēn dào fèng huáng chí
一举首登龙虎榜，十年身到凤凰池。

jìn dé xiū yè　yào gè mù shí de niàn tóu
进德修业，要个木石的念头，

ruò shāo shè jīn kuā　biàn qū yù jìng
若稍涉矜夸，便趋欲境；

jì shì jīng bāng　yào duàn yún shuǐ de qù wèi
济世经邦，要段云水的趣味，

ruò yì yǒu niàn liàn　biàn duò wēi jī
若一有念恋，便堕危机。

guān qīng shū lì shòu　shén líng miào zhù féi
官清书吏瘦，神灵庙祝肥。

ruò yào rén bù zhī　chú fēi jǐ mò wéi
若要人不知，除非己莫为。

北京八景图之蓟门烟树　明·王　绂

jìng zuò cháng sī jǐ guò　xián tán mò lùn rén fēi
静坐常思己过，闲谈莫论人非。

yǒu rú zuò huà xū qiú dàn　lín yǒu chún fēng bù rǎng jī
友如作画须求淡，邻有淳风不攘鸡。

xiǎo chuāng mò tīng huáng lí yǔ　tà pò jīng huā mǎn yuàn fēi
小窗莫听黄鹂语，踏破荆花满院飞。

píng shēng zuì ài yú wú shé　yóu biàn jiāng hú shǎo shì fēi
平生最爱鱼无舌，游遍江湖少是非。

wú shì cháng rú yǒu shì shí dī fáng　cái kě yǐ mí yì wài zhī biàn
无事常如有事时提防，才可以弥意外之变；

yǒu shì cháng rú wú shì shí zhèn dìng　cái kě yǐ xiāo jú zhōng zhī wēi
有事常如无事时镇定，才可以消局中之危。

sān rén tóng xíng　bì yǒu wǒ shī
三人同行，必有我师，

zé qí shàn zhě ér cóng　qí bú shàn zhě gǎi zhī
择其善者而从，其不善者改之。

yǎng xīn mò shàn yú guǎ yù　wú héng bù kě zuò wū yī
养心莫善于寡欲，无恒不可作巫医。

xiá nì è shào　jiǔ bì shòu qí lèi
狎昵恶少，久必受其累；

qū zhì lǎo chéng　jí zé kě xiāng yī
屈志老成，急则可相依。

xīn kǒu rú yī　tóng sǒu wú qī
心口如一，童叟无欺。

rén yǒu shàn niàn　tiān bì yòu zhī
人有善念，天必佑之。

guò zé wú dàn gǎi　dú zé wú zì qī
过则无惮改，独则毋自欺。

dào wú hǎo zhě shì wú zéi　dào wú è zhě shì wú shī
道吾好者是吾贼，道吾恶者是吾师。

rù guān tíng hù zhī qín duò　yì chū chá tāng biàn jiàn qī
入观庭户知勤惰，一出茶汤便见妻。

北京八景图之卢沟晓月　明·王　绂

fù lǎo bēn chí wú xiào zǐ　yào zhī xián mǔ kàn ér yī
父老奔驰无孝子，要知贤母看儿衣。

rù mén xiū wèn róng kū shì　guān kàn róng yán biàn dé zhī
入门休问荣枯事，观看容颜便得知。

yǎng ér dài lǎo　jī gǔ fáng jī
养儿代老，积穀防饥。

cháng jiāng yǒu rì sī wú rì　mò dài wú shí xiǎng yǒu shí
常将有日思无日，莫待无时想有时。

shǒu jǐ bù tān zhōng shì wěn　lì rén suǒ yǒu dìng zāo kuī
守己不贪终是稳，利人所有定遭亏。

měi jiǔ yǐn dāng wēi zuì hòu　hǎo huā kàn dào bàn kāi shí
美酒饮当微醉候，好花看到半开时。

dāng lù mò zāi jīng jí shù　tā nián miǎn guà zǐ sūn yī
当路莫栽荆棘树，他年免挂子孙衣。

wàng yú tiān　bì sī jǐ suǒ wéi
望于天，必思己所为；

wàng yú rén　bì sī jǐ suǒ shī
望于人，必思己所施。

tān liǎo shēng qín de zī yì　bì zhāo xìng fèn de sǔn
贪了牲禽的滋益，必招性分的损；

zhàn liǎo rén shì de biàn yí　bì shòu tiān dào de kuī
占了人事的便宜，必受天道的亏。

chū jiā rú chū　chéng fó yǒu yú
出家如初，成佛有馀。

sān xīn yí jìng　sì xiàng jù wú
三心一净，四相俱无。

zhuó yì yú wú　jí shì yǒu gēn wèi zhǎn
著意于无，即是有根未斩；

liú xīn yú jìng　biàn wéi dòng yá wèi chú
留心于静，便为动芽未锄。

北京八景图之西山霁雪　明·王　绂

yù bàng xiāng chí　yú rén dé lì
鹬蚌相持，渔人得利。

chéng mén shī huǒ　yāng jí chí yú
城门失火，殃及池鱼。

rén ér wú xìn　bǎi shì jiē xū
人而无信，百事皆虚。

yán chēng shèng xián　xīn lèi chuān yú
言称圣贤，心类穿窬。

xué bú shàng shí xíng　mǎ niú ér jīn jū
学不尚实行，马牛而襟裾。

yù qiú shēng fù guì　xū xià kǔ gōng fū
欲求生富贵，须下苦工夫。

jì gēng yì yǐ zhòng　shí hái dú wǒ shū
既耕亦已种，时还读我书。

jié jiāo xū shèng jǐ　sì wǒ bù rú wú
结交须胜己，似我不如无。

tóng jūn yí yè huà　shèng dú shí nián shū
同君一夜话，胜读十年书。

qiú rén xū qiú dà zhàng fū　jì rén xū jì jí shí wú
求人须求大丈夫，济人须济急时无。

kě shí yì dī rú gān lù　zuì hòu tiān bēi bù rú wú
渴时一滴如甘露，醉后添杯不如无。

zuò shì wéi qiú xīn kě yǐ　dài rén xiān kàn wǒ hé rú
作事惟求心可以，待人先看我何如。

hài rén zhī xīn bù kě yǒu　fáng rén zhī xīn bù kě wú
害人之心不可有，防人之心不可无。

薇省黄昏图　南宋·赵大亨

jiǔ zhōng bù yǔ zhēn jūn zǐ　cái shàng fēn míng dà zhàng fū
酒中不语真君子，财上分明大丈夫。

bái jiǔ niàng chéng yuán hào kè　huáng jīn sàn jìn wèi shōu shū
白酒酿成缘好客，黄金散尽为收书。

zhú lí máo shè fēng guāng hǎo　dào yuàn sēng fáng zǒng bù rú
竹篱茅舍风光好，道院僧房总不如。

páo fèng pēng lóng　fàng zhù shí yǔ yán jī wú yì
炮凤烹龙，放箸时与盐齑无异；

xuán jīn pèi yù　chéng huī chù yǔ wǎ lì hé shū
悬金佩玉，成灰处与瓦砾何殊？

xiān dá xiào tán guān　xiū xiàng hóu mén qīng shù dài
先达笑弹冠，休向侯门轻束带；

xiāng zhī yóu àn jiàn　mò cóng shì lù àn tóu zhū
相知犹按剑，莫从世路暗投珠。

hòu shí shuō jìn zhī xīn　kǒng fáng bó hòu fā xiè
厚时说尽知心，恐妨薄後發泄。

shào nián bù jié shì yù　měi zhì zhōng dào ér cú
少年不节嗜欲，每致中道而殂。

shuǐ zhì qīng　zé wú yú　rén zhì chá　zé wú tú
水至清，则无鱼；人至察，则无徒。

chī rén wèi fù　xián nǚ jìng fū
痴人畏妇，贤女敬夫。

qī cái zhī niàn zhòng　xiōng dì zhī qíng shū
妻财之念重，兄弟之情疏。

nìng kě zhèng ér bù zú　bù kě xié ér yǒu yú
宁可正而不足，不可斜而有馀。

rèn zhēn hái zì zài　zuò jiǎ fèi gōng fū
认真还自在，作假费工夫。

shì fēi zhāo zhāo yǒu　bù tīng zì rán wú
是非朝朝有，不听自然无。

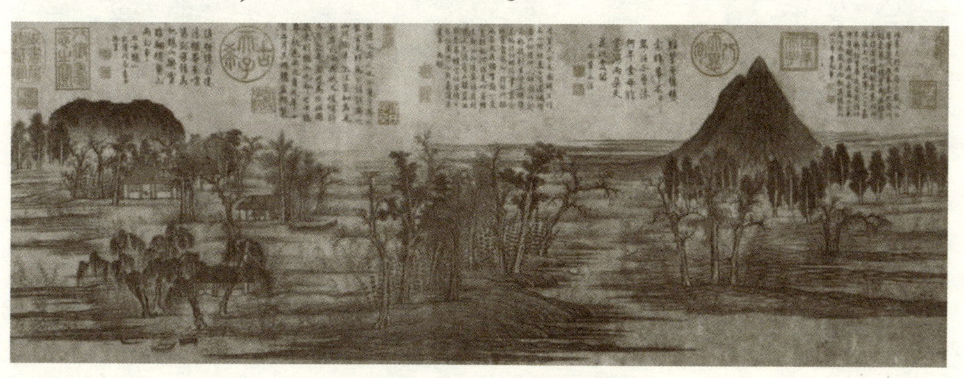

鹊华秋色图　元·赵孟頫

jiǔ zhù lìng rén jiàn　pín lái qīn yě shū
久住令人贱，频来亲也疏。

dàn kàn sān wǔ rì　xiāng jiàn bù rú chū
但看三五日，相见不如初。

rén qíng sì shuǐ fēn gāo xià　shì shì rú yún rèn juǎn shū
人情似水分高下，世事如云任卷舒。

bǎi nián chéng zhī bù zú　yí dàn huài zhī yǒu yú
百年成之不足，一旦坏之有馀。

xùn zǐ xū cóng tāi jiào shǐ　duān méng bì zì xiǎo xué chū
训子须从胎教始，端蒙必自小学初。

yǎng zǐ bú jiào rú yǎng lǘ　yǎng nǚ bú jiào rú yǎng zhū
养子不教如养驴，养女不教如养猪。

yǒu tián bù gēng cāng lǐn xū　yǒu shū bù dú zǐ sūn yú
有田不耕仓廪虚，有书不读子孙愚。

cāng lǐn xū xī suì yuè fá　zǐ sūn yú xī lǐ yì shū
仓廪虚兮岁月乏，子孙愚兮礼义疏。

máng máng sì hǎi rén wú shù　nǎ gè nán ér shì zhàng fū
茫茫四海人无数，哪个男儿是丈夫！

yào hǎo ér sūn xū jī dé　yù gāo mén dì kuài dú shū
要好儿孙须积德，欲高门第快读书。

jiù rén yí mìng　shèng zào qī jí fú tú
救人一命，胜造七级浮屠；

jī jīn qiān liǎng　bù rú yì jiě jīng shū
积金千两，不如一解经书。

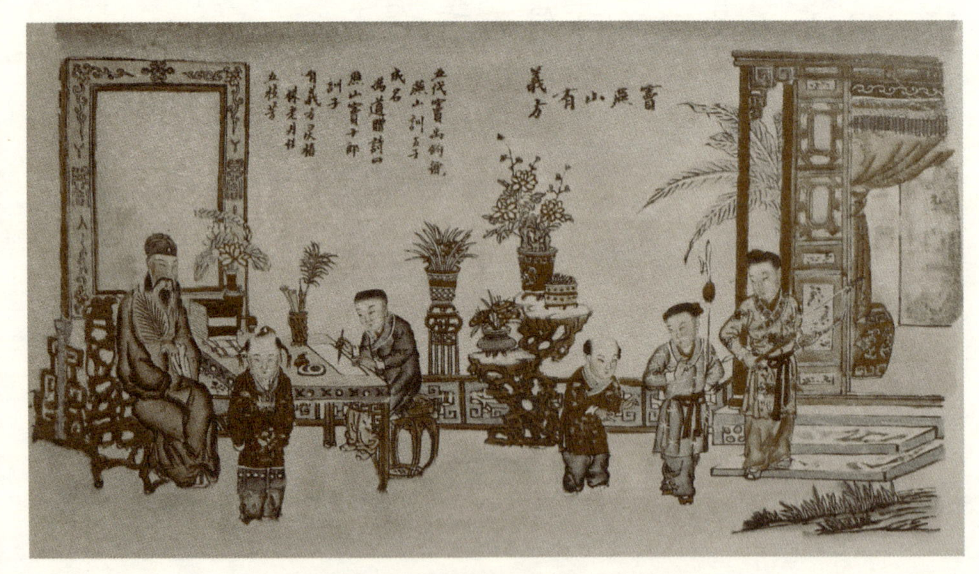

窦燕山有义方图·杨柳青木版年画

jìng zhōng guān wù dòng　xián chù kàn rén máng
静中观物动，闲处看人忙，
cái dé chāo chén tuō sú de qù wèi
才得超尘脱俗的趣味；
máng chù huì tōu xián　xián zhōng néng qǔ jìng
忙处会偷闲，闲中能取静，
biàn shì ān shēn lì mìng de gōng fū
便是安身立命的工夫。
zǐ jiào yīng hái　fù jiào chū lái
子教婴孩，妇教初来。
nèi yào líng lì　wài yào chī dāi
内要伶俐，外要痴呆。
cōng míng chěng jìn　rě huò zhāo zāi
聪明逞尽，惹祸招灾。
néng ràng zhōng yǒu yì　rěn qì miǎn shāng cái
能让终有益，忍气免伤财。
fù cóng shēng gě qǐ　pín yīn bú suàn lái
富从升合起，贫因不算来。
àn zhōng xiū shǐ jiàn　guāi lǐ fàng xiē dāi
暗中休使箭，乖里放些呆。
yá mén bā zì kāi　yǒu lǐ wú qián mò jìn lái
衙门八字开，有理无钱莫进来。
tiān zāi bù shí yǒu　shuí jiā guà dé miǎn zì pái
天灾不时有，谁家挂得免字牌。
yòng rén bù yí kè　kè zé sī xiào zhě qù
用人不宜刻，刻则思效者去；
jiāo yǒu bù yí làn　làn zé gòng yú zhě lái
交友不宜滥，滥则贡谀者来。

携琴访友图·杨柳青木版年画

cái shì yuàn fǔ　tān wéi huò tāi
财是怨府，贪为祸胎。

lè bù kě jí　lè jí shēng āi
乐不可极，乐极生哀；

yù bù kě zòng　zòng yù chéng zāi
欲不可纵，纵欲成灾。

bǎi nián róng yì guò　qīng chūn bú zài lái
百年容易过，青春不再来。

yù guǎ jīng shén shuǎng　sī duō xuè qì shuāi
欲寡精神爽，思多血气衰。

yì tóu bái fà cuī jiāng qù　wàn liǎng huáng jīn mǎi bù huí
一头白髮催将去，万两黄金买不回。

lüè cháng xīn kǔ fāng wéi fú　bú zuò cōng míng biàn shì cái
略尝辛苦方为福，不作聪明便是才。

zhōng shēn jí bìng　héng cóng xīn hūn zào qǐ
终身疾病，恒从新婚造起；

gài shì xūn yóu　duō shì lǎo chéng jiàn lái
盖世勋猷，多是老成建来。

jiàn zhě yì　xué zhě nán
见者易，学者难。

mò jiāng róng yì dé　biàn zuò děng xián kàn
莫将容易得，便作等闲看。

wàn è yín wéi shǒu　bǎi shàn xiào wéi xiān
万恶淫为首，百善孝为先。

qī xián fū huò shǎo　zǐ xiào fù xīn kuān
妻贤夫祸少，子孝父心宽。

shì qīn xū dāng yǎng zhì　ài zǐ wù lìng tōu ān
事亲须当养志，爱子勿令偷安。

bù qiú jīn yù chóng chóng guì　dàn yuàn ér sūn gè gè xián
不求金玉重重贵，但愿儿孙个个贤。

竹西草堂图　元·张　渥

què chóu qián miàn wú duō lù　jí zǎo chéng huān xiàng xī qián
却愁前面无多路，及早承欢向膝前。

jì ěr fēng bù rú yǎng zhī hòu　huǐ zhī wǎn hé ruò jǐn yú qián
祭尔丰不如养之厚，悔之晚何若谨于前。

huā chěng chūn guāng　yì fān yǔ yì fān fēng　cuī guī chén tǔ
花逞春光，一番雨一番风，催归尘土；

zhú jiān yǎ cāo　jǐ zhāo shuāng jǐ zhāo xuě　ào jiù láng gān
竹坚雅操，几朝霜几朝雪，傲就琅玕。

yán gù xìng　xìng gù yán
言顾行，行顾言。

wéi shì zài rén　chéng shì zài tiān
为事在人，成事在天。

shāng rén yì yǔ　tòng rú dāo gē
伤人一语，痛如刀割。

shā rén yí wàn　zì sǔn sān qiān
杀人一万，自损三千。

jī shí yuán yǒu huǒ　féng chóu mò jié yuān
击石原有火，逢仇莫结冤。

yǒu róng dé nǎi dà　wú yù xīn zì xián
有容德乃大，无欲心自闲。

guā tián bú nà lǚ　lǐ xià bù zhěng guān
瓜田不纳履，李下不整冠。

wù chǔ jiē yuán bù xué　qiǎng zuò nǎi chéng zì rán
误处皆缘不学，强作乃成自然。

jiàng xiàng dǐng tóu kān zǒu mǎ　gōng hóu dù nèi hǎo chēng chuán
将相顶头堪走马，公侯肚内好撑船。

pín bú mài shū liú zǐ dú　lǎo yóu zāi zhú yǔ rén kàn
贫不卖书留子读，老犹栽竹与人看。

bú zuò fēng bō yú shì shàng　dàn liú qīng bái zài rén jiān
不作风波于世上，但留清白在人间。

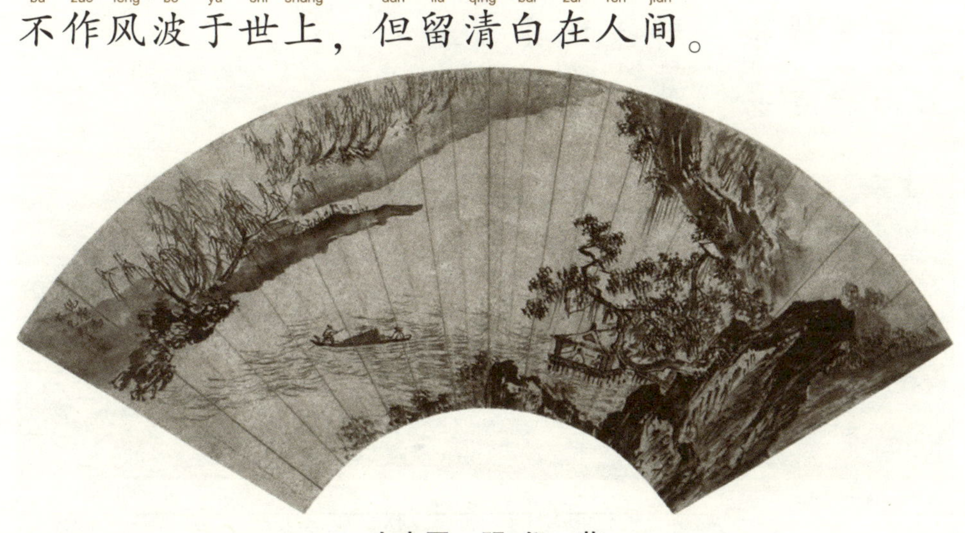

山水图　明·倪　荣

wù yīn qún yí ér zǔ dú jiàn　wù rèn jǐ yì ér fèi rén yán
勿因群疑而阻独见，勿任己意而废人言。

lù féng xiǎn chù　wèi rén pì yí bù zhōu háng
路逢险处，为人辟一步周行，

biàn jué tiān kuān dì kuò
便觉天宽地阔；

yù dào qióng shí　shǐ wǒ liú sān fēn fǔ xù
遇到穷时，使我留三分抚恤，

zì rán lǐ shùn qíng ān
自然理顺情安。

shì yǒu jí zhī bù bái zhě　kuān zhī huò zì míng
事有急之不白者，宽之或自明，

wù cāo jí yǐ sù qí fèn
勿操急以速其忿；

rén yǒu qiè zhī bù cóng zhě　zòng zhī huò zì huà
人有切之不从者，纵之或自化，

wù cāo qiè yǐ yì qí wán
勿操切以益其顽。

dào lù gè bié　yǎng jiā yì bān
道路各别，养家一般。

yì tài xián qíng　wéi qī zì shàng
逸态闲情，惟期自尚；

qīng biāo ào gǔ　bú yuàn rén lián
清标傲骨，不愿人怜。

tā jí wǒ bù jí　rén xián xīn bù xián
他急我不急，人闲心不闲。

fù rén sī lái nián　pín rén gù yǎn qián
富人思来年，贫人顾眼前。

máng zhōng duō cuò shì　zuì hòu tǔ zhēn yán
忙中多错事，醉後吐真言。

shàng shān qín hǔ yì　kāi kǒu gào rén nán
上山擒虎易，开口告人难。

长江万里图　南宋·赵　黻

bú shì chēng chuán shǒu　xiū yào tí gāo gān
不是撑船手，休要提篙竿。

hǎo yán yí jù sān dōng nuǎn　huà bù tóu jī liù yuè hán
好言一句三冬暖，话不投机六月寒。

zhī yīn shuō yǔ zhī yīn tīng　bú shì zhī yīn mò yǔ tán
知音说与知音听，不是知音莫与谈。

chán yán bài huài zhēn jūn zǐ　měi sè xiāo mó kuáng shào nián
谗言败坏真君子，美色消磨狂少年。

yòng xīn jì jiào bān bān cuò　tuì bù sī liáng shì shì nán
用心计较般般错，退步思量事事难。

dàn yǒu lǜ yáng kān xì mǎ　chù chù yǒu lù dào cháng ān
但有绿杨堪系马，处处有路到长安。

rén yù cóng chū qǐ chù jiǎn chú　rú zhǎn xīn chú　gōng fū jí yì
人欲从初起处剪除，如斩新刍，工夫极易，

ruò lè qí biàn　ér gū wéi rǎn zhǐ　zé shēn rù wàn rèn
若乐其便，而姑为染指，则深入万仞；

tiān lǐ zì zhà xiàn shí chōng tuò　rú mó chén jìng　guāng cǎi jiàn zēng
天理自乍见时充拓，如磨尘镜，光彩渐增，

ruò dàn qí nán　ér shāo wéi tuì bù　biàn yuǎn gé qiān shān
若惮其难，而稍为退步，便远隔千山。

fēng xī shí　xiū qǐ làng　àn dào chù　biàn lí chuán
风息时，休起浪；岸到处，便离船。

yǐn è yáng shàn　jǐn xìng shèn yán
隐恶扬善，谨行慎言。

zì chǔ chāo rán　chǔ rén ǎi rán
自处超然，处人蔼然。

dé yì kǎn rán　shī yì tài rán
得意欿然，失意泰然。

lǎo dāng yì zhuàng　qióng qiě yì jiān
老当益壮，穷且益坚。

bǎng shàng míng yáng　péng mén zēng sè
榜上名扬，蓬门增色；

溪山雪意图　南宋·无 款

chuáng tóu jīn jìn　zhuàng shì wú yán
床头金尽，壮士无颜。

yóu jiǎn rù shē yì　yóu shē rù jiǎn nán
由俭入奢易，由奢入俭难。

shào chéng ruò tiān xìng　xí guàn chéng zì rán
少成若天性，习惯成自然。

zì fèng bì xū jiǎn yuē　yàn kè qiè wù liú lián
自奉必须俭约，宴客切勿留连。

kū mù féng chūn yóu zài fā　rén wú liǎng dù zài shào nián
枯木逢春犹再發，人无两度再少年。

shào ér guǎ yù yán cháng hǎo　lǎo bù qiú guān mèng yì xián
少而寡欲颜常好，老不求官梦亦闲。

shū yǒu wèi céng jīng wǒ dú　shì wú bù kě duì rén yán
书有未曾经我读，事无不可对人言。

xiōng dì shū zhí　xū fēn duō rùn guǎ
兄弟叔侄，须分多润寡；

zhǎng yòu nèi wài　yí fǎ sù cí yán
长幼内外，宜法肃词严。

yí fàn yì zhōu　dāng sī lái chù bú yì
一饭一粥，当思来处不易；

bàn sī bàn lǚ　héng niàn wù lì wéi jiān
半丝半缕，恒念物力维艰。

rén xué shǐ zhī dào　bù xué yì tú rán
人学始知道，不学亦徒然。

yú ér hào zì yòng　jiàn ér hào zì zhuān
愚而好自用，贱而好自专。

yǒu shū zhēn fù guì　wú shì xiǎo shén xiān
有书真富贵，无事小神仙。

chū xiù gū yún　qù lái yì wú suǒ xì
出岫孤云，去来一无所系；

xuán kōng lǎng jìng　yán chǒu liǎng bù xiāng gān
悬空朗镜，妍丑两不相干。

归去来辞之云无心以出岫图　明·李　在

quàn jūn zuò fú biàn wú qián　huò dào lín tóu shǐ wàn qiān
劝君作福便无钱，祸到临头使万千。

shàn è guān tóu xiū cuò rèn　yì shī rén shēn wàn jié nán
善恶关头休错认，一失人身万劫难。

jī dé ruò wéi shān　jiǔ rèn tóu xiū kuī yí kuì
积德若为山，九仞头休亏一篑；

róng rén xū xué hǎi　shí fēn mǎn shàng nà bǎi chuān
容人须学海，十分满尚纳百川。

wéi shàn zuì lè　wéi è nán táo
为善最乐，为恶难逃。

yǎng bīng qiān rì　yòng zài yì zhāo
养兵千日，用在一朝。

guó qīng cái zǐ guì　jiā fù xiǎo ér jiāo
国清才子贵，家富小儿娇。

shì wèi zhī jǐ yòng　jié bú suì hán diāo
士为知己用，节不岁寒凋。

bù yīn yú fǔ yǐn　zěn dé jiàn bō tāo
不因渔父引，怎得见波涛？

dàn zhī kǒu zhōng yǒu jiàn　bù zhī xiù lǐ cáng dāo
但知口中有剑，不知袖里藏刀。

chūn cán dào sǐ sī fāng jìn　è yǔ shāng rén hèn nán xiāo
春蚕到死丝方尽，恶语伤人恨难消。

rù shān bú pà shāng rén hǔ　zhǐ pà rén qíng liǎng miàn dāo
入山不怕伤人虎，只怕人情两面刀。

shì jiān gōng dào wéi bái fà　guì rén tóu shàng bù céng ráo
世间公道惟白髮，贵人头上不曾饶。

wú qiú dào chù rén qíng hǎo　bù yǐn suí tā jiǔ jià gāo
无求到处人情好，不饮随他酒价高。

松溪钓艇图　元·朱德润

shū huà shì yǎ shì　yì tān chī biàn chéng shāng gǔ
书画是雅事，一贪痴便成商贾；
shān lín shì shèng dì　yì yíng liàn biàn chéng shì cháo
山林是胜地，一营恋便成市朝。
qíng yù yì shí shǔ wàng xīn　xiāo shā dé wàng xīn jìn
情欲意识属妄心，消杀得妄心尽，
ér hòu zhēn xīn xiàn
而後真心现；
jīn gāo jù ào shì kè qì　xiáng fú dé kè qì píng
矜高倨傲是客气，降伏得客气平，
ér hòu zhèng qì tiáo
而後正气调。
yīn fēng chuī huǒ　yòng lì bù duō
因风吹火，用力不多。
guāng yīn sì jiàn　rì yuè rú suō
光阴似箭，日月如梭。
jí rén zhī cí guǎ　zào rén zhī cí duō
吉人之辞寡，躁人之辞多。
huáng jīn wèi wéi guì　ān lè zhí qián duō
黄金未为贵，安乐值钱多。
ér sūn shèng yú wǒ　yào qián zuò shèn me
儿孙胜于我，要钱做甚么？
ér sūn bù rú wǒ　yào qián zuò shèn me
儿孙不如我，要钱做甚么？
huì shǐ bú zài jiā háo fù　fēng yǎ bú yòng zhuó yī duō
会使不在家豪富，风雅不用著衣多。
qiáng zhōng gèng yǒu qiáng zhōng shǒu　è rén zì yǒu è rén mó
强中更有强中手，恶人自有恶人磨。

百尺梧桐轩图　元·无　款

知事少时烦恼少，识人多处是非多。

世间好语书说尽，天下名山寺占多。

积德百年元气厚，读书三代雅人多。

上为父母，中为己身，下为儿女，做得清方了却平生事；

立上等品，为中等事，享下等福，守得定才是个安乐窝。

一念常惺，才避得去神弓鬼矢；纤尘不染，方解得开地网天罗。

富贵是无情之物，你看得他重，他害你越大；

贫贱是耐久之交，你处得他好，他益你必多。

谦恭待人，忠孝传家。

不学无术，读书便佳。

男以女为室，女以男为家。

根深不怕风摇动，表正何愁日影斜。

铁笛图 明·吴 伟

néng xiū chén jìng wéi zhēn jìng　wèi liǎo sēng jiā shì sú jiā
能休尘境为真境，未了僧家是俗家。

chéng jiā yóu rú zhēn tiāo tǔ　bài jiā hǎo sì shuǐ tuī shā
成家犹如针挑土，败家好似水推沙。

chí táng jī shuǐ kān fáng hàn　tián dì shēn gēng zú yǎng jiā
池塘积水堪防旱，田地深耕足养家。

jiǎng xué bú shàng gōng xíng　wéi kǒu tóu chán
讲学不尚躬行，为口头禅；

lì yè bù sī zhòng dé　rú yǎn qián huā
立业不思种德，如眼前花。

yí duàn bù wéi de qì jié　shì chēng tiān lì dì zhī zhù shí
一段不为的气节，是撑天立地之柱石；

yì diǎn bù rěn de niàn tóu　shì shēng mín yù wù zhī gēn yá
一点不忍的念头，是生民育物之根芽。

zǎo qǐ sān guāng　chí qǐ sān huāng
早起三光，迟起三慌。

shùn tiān zhě cún　nì tiān zhě wáng
顺天者存，逆天者亡。

shì lù fēng bō　liàn xīn zhī jìng
世路风波，炼心之境；

rén qíng lěng nuǎn　rěn xìng zhī chǎng
人情冷暖，忍性之场。

shuǎng kǒu shí duō zhōng zuò jí　kuài xīn shì guò bì shēng yāng
爽口食多终作疾，快心事过必生殃。

tāng wǔ yǐ è è ér chāng　jié zhòu yǐ wěi wěi ér wáng
汤武以谔谔而昌，桀纣以唯唯而亡。

liàng zhǎi qì dà　fà duǎn xīn cháng
量窄气大，髮短心长。

密树茅堂图　明·周　臣

shàn bì shòu kǎo　è bì zǎo wáng
善必寿考，恶必早亡。

yǔ zhì tóng dào wǎng bù xīng　yǔ luàn tóng shì wǎng bù wáng
与治同道罔不兴，与乱同事罔不亡。

fù guì dìng yào yī běn fèn　pín qióng bú bì wǎng sī liáng
富贵定要依本分，贫穷不必枉思量。

fú bù kě yāo　yǎng xǐ shén yǐ wéi zhāo fú zhī běn
福不可邀，养喜神以为招福之本；

huò bù kě bì　qù shā jī yǐ wéi yuǎn huò zhī fāng
祸不可避，去杀机以为远祸之方。

tān tā yì dǒu mǐ　shī què bàn nián liáng
贪他一斗米，失却半年粮；

zhēng tā yì jiǎo tún　fǎn shī yì zhǒu yáng
争他一脚豚，反失一肘羊。

bù tān wéi bǎo　liǎng bù xiāng shāng
不贪为宝，两不相伤。

huà shuǐ wú fēng piān zuò làng　xiù huā suī hǎo bù wén xiāng
画水无风偏作浪，绣花虽好不闻香。

pín wú dá shì jiāng jīn zèng　bìng yǒu gāo rén shuō yào fāng
贫无达士将金赠，病有高人说药方。

sān shēng yǒu xìng　yí fàn bú wàng
三生有幸，一饭不忘。

jiàn shàn rú bù jí　jiàn è rú tàn tāng
见善如不及，见恶如探汤。

yǐn yì lín zhōng wú róng rǔ　dào yì lù shàng mǐn yán liáng
隐逸林中无荣辱，道义路上泯炎凉。

qiū zhì mǎn shān jiē xiù sè　chūn lái wú chù bù huā xiāng
秋至满山皆秀色，春来无处不花香。

秋林闲话图　明·周　臣

è jì yīn shàn jì yáng
恶忌阴，善忌阳。

qióng zào mén fù shuǐ gāng
穷灶门，富水缸。

jiā zéi nán fáng tōu duàn wū liáng
家贼难防，偷断屋粮。

zuò chī rú shān bēng yóu xī zé yè huāng
坐吃如山崩，游嬉则业荒。

jū shēn wù qī zhì pǔ xùn zǐ yào yǒu yì fāng
居身务期质朴，训子要有义方。

fù ruò bú jiào zǐ qián gǔ bì xiāo wáng
富若不教子，钱穀必消亡；

guì ruò bú jiào zǐ yī guān shòu bù cháng
贵若不教子，衣冠受不长。

néng shī mèng mǔ sān qiān jiào dìng bǔ yān shān wǔ guì fāng
能师孟母三迁教，定卜燕山五桂芳。

guó yǒu xián chén ān shè jì jiā yǒu nì zǐ nǎo diē niáng
国有贤臣安社稷，家有逆子恼爹娘。

shuō huà rén duǎn jì huà rén cháng
说话人短，记话人长。

píng shēng zhǐ huì shuō rén duǎn hé bù huí tóu bǎ jǐ liáng
平生只会说人短，何不回头把己量。

yán yì zhāo yóu duì qīn yǒu shǎo shuō liǎng jù
言易招尤，对亲友少说两句；

shū néng huà sú jiào ér sūn duō dú jǐ háng
书能化俗，教儿孙多读几行。

shī huì wù niàn shòu ēn mò wàng
施惠勿念，受恩莫忘。

孟母择邻图·杨柳青木版年画

kè bó chéng jiā　lǐ wú jiǔ xiǎng
刻薄成家，理无久享；
lún cháng guāi chuǎn　lì jiàn xiāo wáng
伦常乖舛，立见消亡。
chù lái mò yǔ shuō　shì guò xīn qīng liáng
触来莫与说，事过心清凉。
jūn zǐ bù kě mào xiàng　hǎi shuǐ bù kě dǒu liáng
君子不可貌相，海水不可斗量。
péng hāo zhī xià　huò yǒu lán xiāng
蓬蒿之下，或有兰香；
máo cí zhī wū　huò yǒu gōng wáng
茅茨之屋，或有公王。
yì jiā bǎo nuǎn qiān jiā yuàn　wàn shì jī móu èr shì wáng
一家饱暖千家怨，万世机谋二世亡。
hú mián bài qì　tù zǒu huāng tái　jìn shì dāng nián gē wǔ dì
狐眠败砌，兔走荒台，尽是当年歌舞地；
lù lěng huáng huā　yān mí lǜ cǎo　xī wéi jiù rì zhēng zhàn chǎng
露冷黄花，烟迷绿草，悉为旧日争战场。
bō kāi shì shàng chén fēn　xiōng zhōng zì wú huǒ yán shuǐ jìng
拨开世上尘氛，胸中自无火炎水竞；
xiāo qù xīn zhōng bǐ lìn　yǎn qián shí yǒu niǎo yǔ huā xiāng
消去心中鄙吝，眼前时有鸟语花香。
pín qióng zì zài　fù guì duō yōu
贫穷自在，富贵多忧。
jì wǎng bú jiù　fù shuǐ nán shōu
既往不咎，覆水难收。
rén wú yuǎn lǜ　bì yǒu jìn yōu
人无远虑，必有近忧。
wù lín kě ér jué jǐng　yí wèi yǔ ér chóu móu
勿临渴而掘井，宜未雨而绸缪。

明皇游月宫图　明·周　臣

宁向直中取，不可曲中求。

驭横切莫逞气，止谤还要自修。

忍得一时之气，免得百日之忧。

是非只为多开口，烦恼皆因强出头。

酒虽养性还乱性，水能载舟亦覆舟。

克己者，触事皆成药石；

尤人者，启口即是戈矛。

以直报怨，以义解仇。

庄敬日强，安肆日偷，

惧法朝朝乐，欺公日日忧。

晴干不肯去，只待雨淋头。

儿孙自有儿孙福，莫与儿孙作马牛。

人生七十古来稀，问君还有几春秋？

当出力处须出力，得缩头时且缩头。

生年不满百，常怀千岁忧。

逢桥须下马，有路莫登舟。

仕女图　明·杜　堇

lù féng xiǎn chù xū dāng bì shì dào tóu lái bú zì yóu
路逢险处须当避，事到头来不自由。

wú gōng huā cǎo mái yōu jìng jìn dài yī guān chéng gǔ qiū
吴宫花草埋幽径，晋代衣冠成古丘。

gōng míng fù guì ruò cháng zài hàn shuǐ yì yīng xī běi liú
功名富贵若长在，汉水亦应西北流。

qīng zhǒng cǎo shēn wàn niàn jìn tóng huī lěng
青冢草深，万念尽同灰冷；

huáng liáng mèng jiào yì shēn dōu shì yún fú
黄粱梦觉，一身都是云浮。

rén píng bù yǔ shuǐ píng bù liú
人平不语，水平不流。

pián yí mò mǎi làng dàng mò shōu
便宜莫买，浪荡莫收。

bù yǐ wǒ wéi dé fǎn yǐ wǒ wéi chóu
不以我为德，反以我为仇。

yǒu huā fāng zhuó jiǔ wú yuè bù dēng lóu
有花方酌酒，无月不登楼。

rén yǒu sān jù yìng huà shù yǒu sān chǐ mián tóu
人有三句硬话，树有三尺绵头。

yì jiā yǎng nǚ bǎi jiā qiú yì mǎ bù xíng bǎi mǎ yōu
一家养女百家求，一马不行百马忧。

shēn shān bì jìng cáng měng hǔ dà hǎi zhōng xū nà xì liú
深山毕竟藏猛虎，大海终须纳细流。

dào cǐ rú qióng qiān lǐ mù shuí zhī cái shàng yì céng lóu
到此如穷千里目，谁知才上一层楼。

yù zhī shì shì xū cháng dǎn huì jìn rén qíng àn diǎn tóu
欲知世事须尝胆，会尽人情暗点头。

shòu ēn shēn chù yí xiān tuì dé yì nóng shí biàn kě xiū
受恩深处宜先退，得意浓时便可休。

姑苏繁华图之一　清·徐　扬

mò dài shì fēi lái rù ěr， cóng qián ēn ài fǎn wéi chóu
莫待是非来入耳，从前恩爱反为仇。

pín jiā guāng sǎo dì， pín nǚ jìng shū tóu
贫家光扫地，贫女净梳头。

jǐng sè suī bú lì， qì dù zì yōu yóu
景色虽不丽，气度自优游。

qì jù zhì ér jié， wǎ fǒu shèng jīn yù
器具质而洁，瓦缶胜金玉；

yǐn shí yuē ér jīng， yuán shū yù zhēn xiū
饮食约而精，园蔬愈珍馐。

wú yì shì yán xiū zhuó kǒu， bù gān jǐ shì shǎo dāng tóu
无益世言休著口，不干己事少当头。

liú dé wǔ hú míng yuè zài， bù chóu wú chù xià jīn gōu
留得五湖明月在，不愁无处下金钩。

xiū xiàng jūn zǐ chǎn mèi， jūn zǐ yuán wú sī huì
休向君子谄媚，君子原无私惠；

xiū yǔ xiǎo rén wéi chóu， xiǎo rén zì yǒu duì tóu
休与小人为仇，小人自有对头。

míng lì shì jiāng suǒ， qiān chán shí， nì zé shēng zēng， shùn zé shēng ài
名利是缰锁，牵缠时，逆则生憎，顺则生爱；

fù guì rú fú yún， qù pò liǎo， dé yì bù xǐ， shī yì bù yōu
富贵如浮云，觑破了，得亦不喜，失亦不忧。

ruò dēng gāo， bì zì bēi； ruò shè yuǎn， bì zì ěr
若登高，必自卑；若涉远，必自迩。

mó dāo hèn bú lì， dāo lì shāng rén zhǐ
磨刀恨不利，刀利伤人指；

qiú cái hèn bù duō， cái duō zhōng lèi jǐ
求财恨不多，财多终累己。

yǒu fú shāng cái， wú fú shāng jǐ
有福伤财，无福伤己。

姑苏繁华图之二 清·徐 扬

bìng jiā yú xiǎo yù　xiào shuāi yú qī zǐ
病加于小愈，孝衰于妻子。
jū shì qí suǒ qīn　dá shì qí suǒ jǔ
居视其所亲，达视其所举。
fù shì qí suǒ bù wéi　pín shì qí suǒ bù qǔ
富视其所不为，贫视其所不取。
zhī zú cháng zú　zhōng shēn bù rǔ
知足常足，终身不辱；
zhī zhǐ cháng zhǐ　zhōng shēn bù chǐ
知止常止，终身不耻。
jūn zǐ ài cái　qǔ zhī yǒu dào
君子爱财，取之有道；
xiǎo rén fàng lì　bú gù tiān lǐ
小人放利，不顾天理。
bèi rù yì bèi chū　hài rén zhōng hài jǐ
悖入亦悖出，害人终害己。
rén fēi shàn bù jiāo　wù fēi yì bù qǔ
人非善不交，物非义不取。
shēn yù chū fán lóng wài　xīn yào zài qiāng zǐ lǐ
身欲出樊笼外，心要在腔子里。
wù piān xìn ér wéi jiān suǒ qī　wù zì rèn ér wéi qì suǒ shǐ
勿偏信而为奸所欺，勿自任而为气所使。
chā zhī háo lí　miù yǐ qiān lǐ
差之毫厘，谬以千里。
shǐ kǒu bù rú zì zǒu　qiú rén bù rú qiú jǐ
使口不如自走，求人不如求己。
wéi fù jiān wéi rén　yuàn shēng mò yuàn sǐ
为富兼为仁，愿生莫愿死。
rén jiàn bái tóu chēn　wǒ jiàn bái tóu xǐ
人见白头嗔，我见白头喜。

姑苏繁华图之三　清·徐　扬

duō shǎo shào nián wáng　bú dào bái tóu sǐ
多少少年亡，不到白头死。

zéi shì xiǎo rén　zhì guò jūn zǐ
贼是小人，智过君子。

jūn zǐ gù qióng　xiǎo rén qióng sī làn yǐ
君子固穷，小人穷斯滥矣。

bì yǒu fèng　qiáng yǒu ěr
壁有缝，墙有耳。

hǎo shì bù chū mén　è shì chuán qiān lǐ
好事不出门，恶事传千里。

zhī zǐ bú chèn fú　fèng shēn hào huá chǐ
之子不称服，奉身好华侈。

suī dé shì tóng lián　hái wéi shí zhě bǐ
虽得市童怜，还为识者鄙。

tiān xià wú bú shì de fù mǔ　shì jiān zuì nán dé zhě xiōng dì
天下无不是底父母，世间最难得者兄弟。

qīng chū yú lán ér shèng yú lán　bīng shēng yú shuǐ ér hán yú shuǐ
青出于蓝而胜于蓝，冰生于水而寒于水。

bù chī bù lóng　bú zuò ā gū ā wēng
不痴不聋，不作阿姑阿翁；

dé qīn shùn qīn　fāng kě wéi rén wéi zǐ
得亲顺亲，方可为人为子。

chǔ gǔ ròu zhī biàn　yí cōng róng bù yí jī liè
处骨肉之变，宜从容不宜激烈；

dāng jiā tíng zhī shuāi　yí tì lì bù yí wěi mǐ
当家庭之衰，宜惕厉不宜委靡。

shì rì yí guò　mìng yì suí jiǎn
是日一过，命亦随减。

wù xià xué ér shàng dá　wú shě jìn ér qū yuǎn
务下学而上达，毋舍近而趋远。

liàng rù wéi chū　còu shǎo chéng duō
量入为出，凑少成多。

姑苏繁华图之四　清·徐　扬

xī hè yì tián rén xīn nán mǎn
溪壑易填，人心难满。

yòng rén yǔ jiào rén èr zhě què xiāng fǎn
用人与教人，二者却相反。

yòng rén qǔ qí cháng jiào rén zé qí duǎn
用人取其长，教人责其短。

dǎ rén mò shāng liǎn mà rén mò jiē duǎn
打人莫伤脸，骂人莫揭短。

shì huàn fāng guī qīng shèn qín yǐn shí yào jué huǎn nuǎn ruǎn
仕宦芳规清慎勤，饮食要诀缓暖软。

shuǐ nuǎn shuǐ hán yú zì zhī huā kāi huā xiè chūn bù guǎn
水暖水寒鱼自知，花开花谢春不管。

wō niú jiǎo shàng jiào cí xióng shí huǒ guāng zhōng zhēng cháng duǎn
蜗牛角上校雌雄，石火光中争长短。

liú xīn xué dào gǔ rén nán lì jiǎo pà suí liú sú zhuǎn
留心学到古人难，立脚怕随流俗转。

fán shì zì shì biàn shǎo yí shì
凡是自是，便少一是；

yǒu duǎn hù duǎn gèng tiān yì duǎn
有短护短，更添一短。

sǎ sǎo tíng chú yào nèi wài zhěng jié
洒扫庭除，要内外整洁；

guān suǒ mén hù bì qīn zì jiǎn diǎn
关锁门户，必亲自检点。

tiān xià wú nán chǔ zhī shì zhǐ xiāo liǎng gè rú zhī hé
天下无难处之事，只消两个如之何；

tiān xià wú nán chǔ zhī rén zhǐ yào sān gè bì zì fǎn
天下无难处之人，只要三个必自反。

fán shì yào hǎo xū wèn sān lǎo
凡事要好，须问三老。

姑苏繁华图之五　清·徐　扬

hào wèn zé yù zì yòng zé xiǎo
好问则裕，自用则小。

wù yíng huá wū wù zuò yín qiǎo
勿营华屋，勿作淫巧。

ruò zhēng xiǎo kě biàn shī dà dào
若争小可，便失大道。

dàn néng yī běn fèn zhōng xū wú fán nǎo
但能依本分，终须无烦恼。

yǒu yán nì yú rǔ xīn bì qiú zhū dào
有言逆于汝心，必求诸道；

yǒu yán xùn yú rǔ zhì bì qiú zhū fēi dào
有言逊于汝志，必求诸非道。

chī dé kuī zuò yì duī
吃得亏，坐一堆。

yào dé hǎo dà zuò xiǎo
要得好，大做小。

zhì yí gāo ér xīn yí xià dǎn yù dà ér xīn yù xiǎo
志宜高而心宜下，胆欲大而心欲小。

xué zhě rú hé rú dào bù xué zhě rú hāo rú cǎo
学者如禾如稻，不学者如蒿如草。

chún wáng chǐ bì hán jiào chí fù nán bǎo
唇亡齿必寒，教弛富难保。

shū zhōng jié liáng yǒu qiān zǎi qí féng
书中结良友，千载奇逢；

mén nèi chǎn xián láng yì jiā huó bǎo
门内产贤郎，一家活宝。

yì chǎng xián fù guì hěn hěn zhèng lái suī dé hái shì shī
一场闲富贵，很很挣来，虽得还是失；

bǎi nián hǎo guāng yīn máng máng guò qù zòng shòu yì wéi yāo
百年好光阴，忙忙过去，纵寿亦为夭；

姑苏繁华图之六 清·徐 扬

shì shì yǒu gōng　xū fáng yí shì bù zhōng
事事有功，须防一事不终；

rén rén dào hǎo　xū fáng yì rén zhuó nǎo
人人道好，须防一人著恼。

nìng tiān yì dǒu　mò tiān yì kǒu
宁添一斗，莫添一口。

dàn qiú fàng xīn　xiū kuā lì kǒu
但求放心，休夸利口。

yào xué hǎo rén　xū xún hǎo yǒu
要学好人，须寻好友。

yǐn jiào ruò suān　nǎ dé hǎo jiǔ
引酵若酸，哪得好酒？

nìng zāo fù mǔ shǒu　mò zāo fù mǔ kǒu
宁遭父母手，莫遭父母口。

gǒu bù xián jiā pín　ér bù xián mǔ chǒu
狗不嫌家贫，儿不嫌母丑。

wù tān yì wài zhī cái　wù yǐn guò liàng zhī jiǔ
勿贪意外之财，勿饮过量之酒。

jìn bù biàn sī tuì bù　zhuó shǒu xiān tú fàng shǒu
进步便思退步，着手先图放手。

bù xián kè hú lèi wù　zhǐ pà huà hǔ chéng gǒu
不嫌刻鹄类鹜，只怕画虎成狗。

zé shàn wù guò gāo　dāng sī qí kě cóng
责善勿过高，当思其可从；

gōng è wù tài yán　yào shǐ qí kě shòu
攻恶勿太严，要使其可受。

xiǎng xiàn zài zhī fú rú diǎn dēng　suí diǎn zé suí miè
享现在之福如点灯，随点则随灭；

péi jiāng lái zhī fú rú tiān yóu　yù tiān zé yù jiǔ
培将来之福如添油，愈添则愈久。

姑苏繁华图之七　清·徐　扬

ēn lǐ yóu lái shēng hài　dé yì shí xū zǎo huí tóu
恩里由来生害，得意时须早回头；
bài hòu huò fǎn chéng gōng　fú xīn chù mò biàn fàng shǒu
败後或反成功，拂心处莫便放手。
duō jiāo fèi cái　shǎo jiāo shěng yòng
多交费财，少交省用。
qiān lǐ sòng háo máo　lǐ qīng rén yì zhòng
千里送毫毛，礼轻仁义重。
gǔ ròu xiāng cán　zhǔ dòu rán qí
骨肉相残，煮豆然萁；
xiōng dì xiāng ài　zhuó ài fēn tòng
兄弟相爱，灼艾分痛。
yǐ shēn jiào zhě cóng　yǐ yán jiào zhě sòng
以身教者从，以言教者讼。
hòu jī bù rú bó qǔ　làn qiú bù rú jiǎn yòng
厚积不如薄取，滥求不如减用。
yí zì rù gōng mén　jiǔ niú tuō bù chū
一字入公门，九牛拖不出。
lǐ zì bù duō dà　qiān rén tái bú dòng
理字不多大，千人抬不动。
liǎng rén zì shì　bù fǎn mù jī chún bù zhǐ
两人自是，不反目稽唇不止，
zhǐ wēn yǔ chēng tā rén yí jù hǎo　biàn yǒu wú xiàn huān xīn
只温语称他人一句好，便有无限欢欣；
liǎng rén xiāng fēi　bú pò jiā wáng shēn bù zhǐ
两人相非，不破家亡身不止，
zhǐ huí tóu rèn zì jǐ yí jù cuò　biàn yǒu wú biān shòu yòng
只回头认自己一句错，便有无边受用。
hé qì zhì xiáng　guāi qì zhì lì
和气致祥，乖气致戾。

姑苏繁华图之八　清·徐　扬

wán rén sàng dé wán wù sàng zhì
玩人丧德，玩物丧志。

fú zhì xīn líng huò zhì xīn huì
福至心灵，祸至心晦。

shòu chǒng ruò jīng wén guò zé xǐ
受宠若惊，闻过则喜。

chuàng yè gù nán shǒu chéng bú yì
创业固难，守成不易。

mén nèi yǒu jūn zǐ mén wài jūn zǐ zhì
门内有君子，门外君子至；

mén nèi yǒu xiǎo rén mén wài xiǎo rén zhì
门内有小人，门外小人至。

dōng hǎi céng wén wú dìng bō běi máng wèi kěn liú xián dì
东海曾闻无定波，北邙未肯留闲地。

qū yán suī nuǎn nuǎn hòu gèng jué hán zēng
趋炎虽暖，暖後更觉寒增；

shí zhè néng gān gān yú biàn shēng kǔ qù
食蔗能甘，甘馀便生苦趣。

zhēng míng lì yào shěn zì jǐ fèn liàng
争名利，要审自己分量，

xiū yǎn rè bié gè zhé shēng jí dù zhī xīn
休眼热别个，辄生嫉妒之心；

chēng mén hù yào suàn zì jǐ lái lù
撑门户，要算自己来路，

mò bù qū tā rén wàng qǐ nuó chě zhī jì
莫步趋他人，妄起挪扯之计。

jiā tíng hé mù shū shí jìn yǒu yú huān
家庭和睦，疏食尽有馀欢；

gǔ ròu guāi wéi zhēn xiū yì jiǎn zhì wèi
骨肉乖违，珍馐亦减至味。

guān guò zhī rén tóu shǔ jì qì
观过知仁，投鼠忌器。

姑苏繁华图之九 清·徐 扬

ài ér zhī qí è　zēng ér zhī qí shàn
爱而知其恶，憎而知其善。
pín ér wú yuàn nán　fù ér wú jiāo yì
贫而无怨难，富而无骄易。
qíng kōng kàn niǎo fēi　liú shuǐ guān yú yuè
晴空看鸟飞，流水观鱼跃，
shí yǔ zhòu huó pō zhī jī
识宇宙活泼之机；
shuāng tiān wén hè lì　xuě yè tīng jī míng
霜天闻鹤唳，雪夜听鸡鸣，
dé qián kūn qīng chún zhī qì
得乾坤清纯之气。
xiān xué nài fán　qiè mò shǐ qì
先学耐烦，切莫使气。
xìng zào xīn cū　yì shēng bu jì
性躁心粗，一生不济。
jǔ shì hào chéng fèng　chéng fèng fēi jiā yì
举世好承奉，承奉非佳意；
bù zhī chéng fèng zhě　yǐ ěr wéi wán xì
不知承奉者，以尔为玩戏。
dé shí mò kuā néng　bú yù xiū dù shì
得时莫夸能，不遇休妒世。
wù shèng zé bì shuāi　yǒu lóng hái yǒu tì
物盛则必衰，有隆还有替。
lù jìng zè chù　liú yí bù yǔ rén xíng
路径仄处，留一步与人行；
zī wèi nóng shí　jiǎn sān fēn ràng rén shì
滋味浓时，减三分让人嗜。
wéi rén yào xué dà　mò xué xiǎo
为人要学大，莫学小，

姑苏繁华图之十　清·徐　扬

zhì qì yì bēi wū liǎo　pǐn gé nán hū qí gāo
志气一卑污了，品格难乎其高；
chí jiā yào xué xiǎo　mò xué dà
持家要学小，莫学大，
mén miàn yí nòng kuò liǎo　hòu lái nán hū qí jì
门面一弄阔了，後来难乎其继。
zhēng dòu chǎng zhōng　chū jǐ jù qīng lěng yán yǔ
争斗场中，出几句清冷言语，
biàn sǎo chú wú xiàn shā jī
便扫除无限杀机；
hán wēi lù shàng　yòng yí piàn chì rè xīn cháng
寒微路上，用一片赤热心肠，
suì péi zhí xǔ duō shēng yì
遂培植许多生意。
yí rì wéi shī　zhōng shēn wéi fù
一日为师，终身为父。
yī bù rú xīn　rén bù rú gù
衣不如新，人不如故。
rěn yì yán　xī yí nù　ráo yì zhāo　tuì yí bù
忍一言，息一怒；饶一着，退一步。
sān shí bú lì　sì shí jiàn wù　wǔ shí xiāng jiāng xún sǐ lù
三十不立，四十见恶，五十相将寻死路。
ài ér bù dé ài ér lián　cōng míng fǎn bèi cōng míng wù
爱儿不得爱儿怜，聪明反被聪明误。
xīn qù zhōng xū qù　zài sān liú bú zhù
心去终须去，再三留不住。
fēi yì xiāng gān　kě yǐ lǐ qiǎn
非意相干，可以理遣；
hèng nì jiā lái　kě yǐ qíng shù
横逆加来，可以情恕。

姑苏繁华图之十一　清·徐　扬

pín qióng huàn nàn　qīn qī xiāng gù
贫穷患难，亲戚相顾；
hūn yīn sǐ sāng　lín bǎo xiāng zhù
婚姻死丧，邻保相助。
qīn zhě wú shī qí wéi qīn　gù zhě wú shī qí wéi gù
亲者毋失其为亲，故者毋失其为故。
dé yì bù yí zài wǎng　fán shì dāng liú yú bù
得意不宜再往，凡事当留馀步。
nìng shǐ rén yà qí bù lái　wù lìng rén yàn qí bú qù
宁使人讶其不来，勿令人厌其不去。
yǒu shēng bì yǒu sǐ　niè qián guī niè lù
有生必有死，孽钱归孽路。
bú pà wú lái chù　zhǐ pà duō qù chù
不怕无来处，只怕多去处。
wù yào jiàn jǐng shēng qíng　qiè mò shǒu zhū dài tù
务要见景生情，切莫守株待兔。
sàng jiā wáng shēn　duō yán zhàn liǎo bā fēn
丧家亡身，多言占了八分；
shì wēi dào tì　bǎi zhí céng wú yí yù
世微道替，百直曾无一遇。
děi rěn qiě rěn　děi nài qiě nài
得忍且忍，得耐且耐。
bù rěn bú nài　xiǎo shì biàn dà
不忍不耐，小事变大。
shì yǐ mì chéng　yǔ yǐ xiè bài
事以密成，语以泄败。
xiāng lùn chěng yīng xióng　jiā jì jiàn jiàn tuì
相论逞英雄，家计渐渐退。

姑苏繁华图之十二　清·徐　扬

xián fù lìng fū guì　è fù lìng fū bài
贤妇令夫贵，恶妇令夫败。

yì rén yǒu qìng　zhào mín yǒng lài
一人有庆，兆民永赖。

fù guì jiā　yí kuān hòu　ér fǎn jì kè　rú hé néng xiǎng
富贵家，宜宽厚，而反忌克，如何能享！

cōng míng rén　yí liǎn cáng　ér fǎn xuàn yào　rú hé bú bài
聪明人，宜敛藏，而反炫耀，如何不败！

jiàn guài bú guài　guài nǎi zì bài
见怪不怪，怪乃自败。

yí zhèng yā bǎi xié　shǎo jiàn bì duō guài
一正压百邪，少见必多怪。

jūn zǐ zhī jiāo dàn yǐ chéng　xiǎo rén zhī jiāo gān yǐ huài
君子之交淡以成，小人之交甘以坏。

shì qǐn xīng zhī zǎo wǎn　zhī rén jiā zhī xīng bài
视寝兴之早晚，知人家之兴败。

jì mò héng máo guān yàn qǐn　yǐn qǐ yí duàn lěng qù yōu sī
寂寞衡茅观燕寝，引起一段冷趣幽思；

fāng fēi yuán pǔ kàn dié máng　qù pò jǐ bān chén qíng shì tài
芳菲园圃看蝶忙，觑破几般尘情世态。

yán zhōng xìn　xíng dǔ jìng
言忠信，行笃敬。

jūn zǐ ān pín　dá rén zhī mìng
君子安贫，达人知命。

wéi shèng wǎng niàn zuò kuáng　wéi kuáng kè niàn zuò shèng
惟圣罔念作狂，惟狂克念作圣。

ài rén zhě　rén héng ài　jìng rén zhě　rén héng jìng
爱人者，人恒爱；敬人者，人恒敬。

姑苏繁华图之十三　清·徐　扬

hào sòng zhī zǐ duō zhì zhōng xiōng
好讼之子，多致终凶；
jī shàn zhī jiā bì yǒu yú qìng
积善之家，必有馀庆。
sǔn yǒu jìng ér yuǎn yì yǒu qīn ér jìn
损友敬而远，益友亲而近。
shàn yǔ rén jiāo jiǔ ér néng jìng
善与人交，久而能敬。
guò zé xiāng guī yán ér yǒu xìn
过则相规，言而有信。
pín shì yǎng qīn shū shuǐ chéng huān
贫士养亲，菽水承欢；
yán fù jiào zǐ yì fāng shì xùn
严父教子，义方是训。
bú wèi zhāo zhāo xìn jié bú wèi míng míng duò xìng
不为昭昭信节，不为冥冥堕行。
qín yì xíng yě jūn zǐ mǐn yú dé yì
勤，懿行也，君子敏于德义，
shì rén zé jiè qín yǐ jì qí pín
世人则借勤以济其贫；
jiǎn měi dé yě jūn zǐ jié yú huò cái
俭，美德也，君子节于货财，
shì rén zé jiǎ jiǎn yǐ shì qí lìn
世人则假俭以饰其吝。
yù lín sǐ ér wú guà ài xiān zài shēng shí shì shì kàn de qīng
欲临死而无挂碍，先在生时事事看得轻；
yù yù biàn ér wú cāng máng xū xiàng cháng shí niàn niàn shǒu de dìng
欲遇变而无仓忙，须向常时念念守得定。
shí de pò rěn bú guò shuō de yìng shǒu bú dìng
识得破，忍不过；说得硬，守不定。

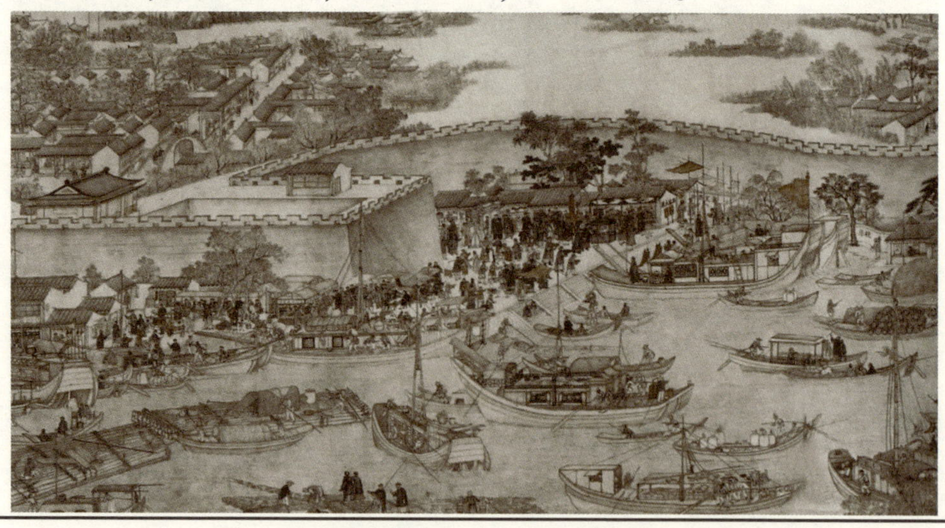

姑苏繁华图之十四　清·徐　扬

xiào qián zhé wàng hòu diē qīng qiān shèng dòu gēng jìng
笑前辙，忘後跌；轻千乘，豆羹竞。
zǐ yǒu guò fù dāng yǐn fù yǒu guò zǐ dāng zhèng
子有过，父当隐；父有过，子当诤。
mù shòu shéng zé zhí rén shòu jiàn zé shèng
木受绳则直，人受谏则圣。
liáng yào kǔ kǒu lì yú bìng zhōng yán nì ěr lì yú xíng
良药苦口利于病，忠言逆耳利于行，
jiā chǒu bù kě wài chuán liú yán qiè mò qīng xìn
家丑不可外传，流言切莫轻信。
xià qíng nán yú shàng dá jūn zǐ bù chǐ xià wèn
下情难于上达，君子不耻下问。
fú róng bái miàn bú guò dài ròu kū lóu
芙蓉白面，不过带肉骷髅；
měi yàn hóng zhuāng jìn shì shā rén lì rèn
美艳红妆，尽是杀人利刃。
dú shū ér jì xìng yú yín yǒng fēng yǎ dìng bù shēn xīn
读书而寄兴于吟咏风雅，定不深心；
xiū dé ér liú yì yú míng yù shì gōng bì wú shí zhèng
修德而留意于名誉事功，必无实证。
yì rén fēi zhī biàn lì bú dìng
一人非之，便立不定，
zhǐ jiàn dé yǒu shì fēi hé céng zhī yǒu dào lǐ
只见得有是非，何曾知有道理？
yì rén bù zhī biàn jiù bù píng
一人不知，便就不平，
zhǐ jiàn dé yǒu dé shī hé céng zhī yǒu yì mìng
只见得有得失，何曾知有义命？
zhì shēng shí shí shēng duàn
智生识，识生断。

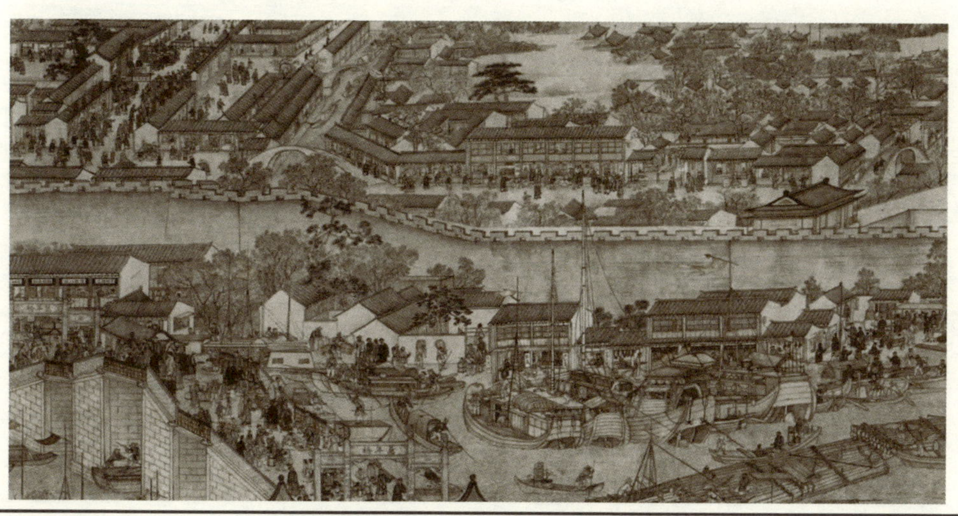

姑苏繁华图之十五 清·徐 扬

dāng duàn bú duàn， fǎn shòu qí luàn
当断不断，反受其乱。

rén gè yǒu xīn， xīn gè yǒu jiàn
人各有心，心各有见。

yǒu yán tóng xián， wú yán tóng dàn
有盐同咸，无盐同淡。

rén jiān sī yǔ， tiān wén ruò léi
人间私语，天闻若雷；

àn shì kuī xīn， shén mù rú diàn
暗室亏心，神目如电。

yì háo zhī è， quàn rén mò zuò
一毫之恶，劝人莫作；

yì háo zhī shàn， yǔ rén fāng biàn
一毫之善，与人方便。

zhōng shēn ràng lù， bù wǎng bǎi bù
终身让路，不枉百步；

zhōng shēn ràng pàn， bù shī yí duàn
终身让畔，不失一段。

nán hé yì nán fēn， yì qīn yì yì sàn
难合亦难分，易亲亦易散。

kǒu shuō bù rú shēn xíng， ěr wén bù rú mù jiàn
口说不如身行，耳闻不如目见。

zhǐ jiàn jǐn shàng tiān huā， wèi wén xuě lǐ sòng tàn
只见锦上添花，未闻雪里送炭。

chuán jiā èr zì gēng yǔ dú， fáng jiā èr zì dào yǔ jiān
传家二字耕与读，防家二字盗与奸；

qīng jiā èr zì yín yǔ dǔ， shǒu jiā èr zì qín yǔ jiǎn
倾家二字淫与赌，守家二字勤与俭。

zuò zhǒng zhǒng zhī yīn gōng， xíng shí shí zhī fāng biàn
作种种之阴功，行时时之方便。

姑苏繁华图之十六　清·徐　扬

bù jí jí yú fù guì　bù qī qī yú pín jiàn
不汲汲于富贵，不戚戚于贫贱。

sù wèi ér xíng　bù yóu bú yuàn
素位而行，不尤不怨。

xiān dá zhī rén kě zūn yě　bù kě bǐ mèi
先达之人可尊也，不可比媚；

quán shì zhī rén kě yuǎn yě　bù kě wǔ màn
权势之人可远也，不可侮慢。

zǔ zōng fù guì　zì shī shū zhōng lái
祖宗富贵，自诗书中来，

zǐ sūn xiǎng fù guì ér jiàn shī shū
子孙享富贵而贱诗书；

zǔ zōng jiā yè　zì qín jiǎn zhōng lái
祖宗家业，自勤俭中来，

zǐ sūn dé jiā yè ér wàng qín jiǎn
子孙得家业而忘勤俭。

yǐ xiào lǜ shēn　jí chū jiàng rù xiàng
以孝律身，即出将入相，

dōu zuò de tuǒ tuǒ tíng tíng
都做得妥妥亭亭；

yǐ rěn yù qì　suī hèng huò fēi zāi
以忍御气，虽横祸飞灾，

yě miǎn tuō qiān qiān wàn wàn
也免脱千千万万。

shàn yǒu shàn bào　è yǒu è bào
善有善报，恶有恶报。

ruò yǒu bú bào　rì zǐ wèi dào
若有不报，日子未到。

shuǐ bù jǐn　yú bú tiào
水不紧，鱼不跳。

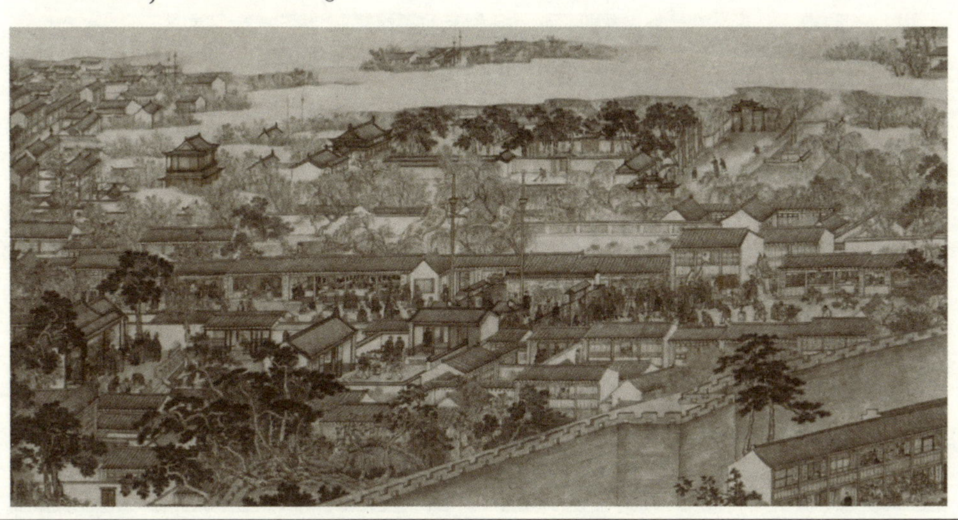

姑苏繁华图之十七　清·徐　扬

nián nián fáng jī　yè yè fáng dào
年年防饥，夜夜防盗。

huò fú wú mén　wéi rén zì zhào
祸福无门，惟人自召。

hào yì gù wéi rén suǒ qīn　tān lì nǎi wéi guǐ suǒ xiào
好义固为人所钦，贪利乃为鬼所笑。

xián zhě bú xuàn jǐ zhī cháng　jūn zǐ bù duó rén suǒ hào
贤者不炫己之长，君子不夺人所好。

shòu xiǎng guò fèn　bì shēng zāi hài zhī duān
受享过分，必生灾害之端；

jǔ dòng yì cháng　měi wéi bù xiáng zhī zhào
举动异常，每为不祥之兆。

jiù jì bài zhī shì　rú yù lín yá zhī mǎ　xiū qīng jiā yì biān
救既败之事，如驭临崖之马，休轻加一鞭；

tú chuí chéng zhī gōng　rú wǎn shàng tān zhī zhōu　mò shāo tíng yí zhào
图垂成之功，如挽上滩之舟，莫稍停一棹。

chuāng qián yí piàn fú qīng yìng bái　wù rù chù　jìn shì chán jī
窗前一片浮青映白，悟入处，尽是禅机；

jiē xià jǐ diǎn fēi cuì luò hóng　shōu shí lái　wú fēi shī liào
阶下几点飞翠落红，收拾来，无非诗料。

zhòng má dé má　zhòng dòu dé dòu
种麻得麻，种豆得豆。

tiān wǎng huī huī　shū ér bú lòu
天网恢恢，疏而不漏。

jiàn guān mò xiàng qián　zuò kè mò zài hòu
见官莫向前，做客莫在後。

huì shuò ér lǐ qín　wù bó ér qíng hòu
会数而礼勤，物薄而情厚。

姑苏繁华图之十八　清·徐　扬

dà shì bù hú tú　xiǎo shì bú shèn lòu
大事不糊涂，小事不渗漏。

nèi cáng jīng míng　wài shì hún hòu
内藏精明，外示浑厚。

jiā rén fù fěn　shuí shí bái rèn dāng qián
佳人傅粉，谁识白刃当前；

táng láng bǔ chán　qǐ zhī huáng què zài hòu
螳螂捕蝉，岂知黄雀在後！

tiān yù huò rén　bì xiān yǐ wēi fú jiāo zhī
天欲祸人，必先以微福骄之，

suǒ yǐ fú lái bú bì xǐ　yào kàn huì shòu
所以福来不必喜，要看会受；

tiān yù fú rén　bì xiān yǐ wēi huò jǐng zhī
天欲福人，必先以微祸儆之，

suǒ yǐ huò lái bú bì yōu　yào kàn huì jiù
所以祸来不必忧，要看会救。

suàn shèn me mìng　wèn shèn me bǔ
算甚么命？问甚么卜？

qī rén shì huò　ráo rén shì fú
欺人是祸，饶人是福。

jiāo liáo cháo lín　bú guò yì zhī
鹪鹩巢林，不过一枝；

yǎn shǔ yǐn hé　bú guò mǎn fù
鼹鼠饮河，不过满腹。

dà jiǎn zhī hòu　bì yǒu dà shē
大俭之後，必有大奢；

dà bīng zhī hòu　bì yǒu dà yì
大兵之後，必有大疫。

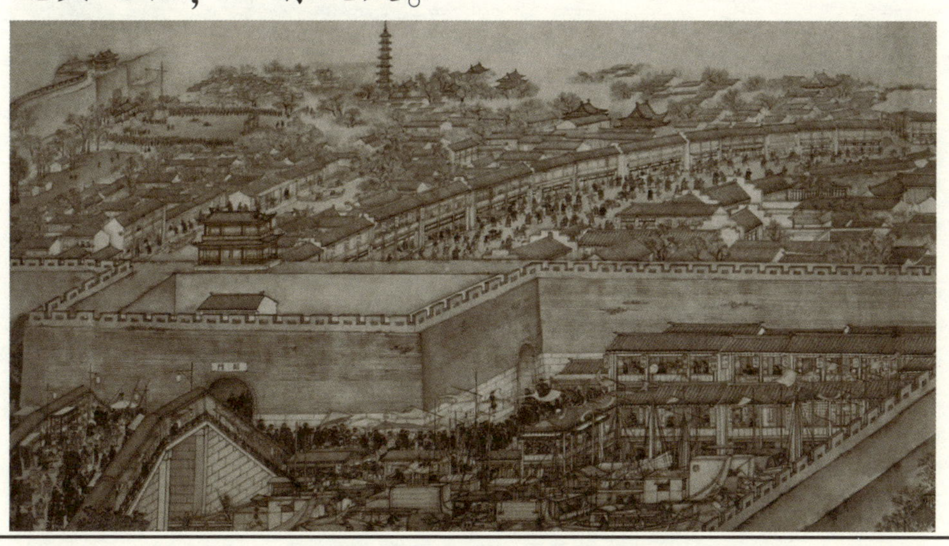

姑苏繁华图之十九　清·徐　扬

tiān wǎng huī huī bào yìng shèn sù
天网恢恢，报应甚速。

rén qī bú shì rǔ rén pà bú shì fú
人欺不是辱，人怕不是福。

rén qīn cái bù qīn rén shú lǐ bù shú
人亲财不亲，人熟礼不熟。

bǎi bìng cóng kǒu rù bǎi huò cóng kǒu chū
百病从口入，百祸从口出，

piàn yán jiǔ dǐng yì gōng bǎi fú
片言九鼎，一公百服。

diǎn shí huà wéi jīn rén xīn yóu wèi zú
点石化为金，人心犹未足。

bù kěn zhòng fú tián shě cái rú gē ròu
不肯种福田，舍财如割肉。

lín shí kōng ohǒu qù tú xiàng yán jūn kū
临时空手去，徒向阎君哭。

jī chǎn yí zǐ sūn zǐ sūn wèi bì shǒu
积产遗子孙，子孙未必守；

jī shū yí zǐ sūn zǐ sūn wèi bì dú
积书遗子孙，子孙未必读。

mò bǎ zhēn xīn kōng jì jiào wéi yǒu dà dé xiǎng bǎi fú
莫把真心空计较，惟有大德享百福。

bú zuò wú yì hài yǒu yì bú guì yì wù jiàn yòng wù
不作无益害有益，不贵异物贱用物。

shuí rén bú ài zǐ sūn xián shuí rén bú ài qiān zhōng sù
谁人不爱子孙贤？谁人不爱千钟粟？

nài wǔ xíng bú shì zhè bān tí mù
奈五行不是这般题目。

姑苏繁华图之二十　清·徐　扬

ēn yí zì dàn ér nóng　xiān nóng hòu dàn zhě　rén wàng qí huì
恩宜自淡而浓，先浓後淡者，人忘其惠；
wēi yí zì yán ér kuān　xiān kuān hòu yán zhě　rén yuàn qí kù
威宜自严而宽，先宽後严者，人怨其酷。
yǐ jī huò cái zhī xīn jī xué wèn　zé shèng dé rì xīn
以积货财之心积学问，则盛德日新；
yǐ ài qī zǐ zhī xīn ài fù mǔ　zé xiào xìng zì dǔ
以爱妻子之心爱父母，则孝行自笃。
xué xū jìng　cái xū xué
学须静，才须学。
fēi xué wú yǐ guǎng cái　fēi jìng wú yǐ chéng xué
非学无以广才，非静无以成学。
xíng yì yào qiáng　shòu jiàn yào ruò
行义要强，受谏要弱。
shēng yú yōu huàn　sǐ yú ān lè
生于忧患，死于安乐。
xián shí bù shāo xiāng　jí shí bào fó jiǎo
闲时不烧香，急时抱佛脚。
bú huàn lǎo ér wú chéng　zhǐ pà yòu ér bù xué
不患老而无成，只怕幼而不学。
yǎo dé cài gēn xiāng　xún chū kǒng yán lè
咬得菜根香，寻出孔颜乐。
fù guì rú dāo bīng gē máo
富贵如刀兵戈矛，
shāo fàng zòng biàn xiāo gāo mí gǔ ér bù zhī
稍放纵便销膏靡骨而不知；
pín jiàn rú zhēn biān yào shí
贫贱如针砭药石，

姑苏繁华图之二十一　清·徐　扬

yì yōu qín jí dǐ jié lì xíng ér bù jué
一忧勤即砥节砺行而不觉。

sòng jūn qiān lǐ zhōng xū yì bié
送君千里，终须一别。

bù jīn xì xíng zhōng lěi dà dé
不矜细行，终累大德。

qīn qī bú yuè wú wù wài jiāo
亲戚不悦，无务外交；

shì bù zhōng shǐ wú wù duō yè
事不终始，无务多业。

lín nàn wú gǒu miǎn lín cái wú gǒu dé
临难毋苟免，临财毋苟得。

qì sǐ mò gào zhuàng è sǐ mò zuò zéi
气死莫告状，饿死莫做贼。

zuì hòu sī chóu rén jun zǐ bì jiǔ kè
醉後思仇人，君子避酒客。

zhì zhě qiān lǜ bì yǒu yì shī
智者千虑，必有一失；

yú zhě qiān lǜ bì yǒu yì dé
愚者千虑，必有一得。

qiān nián tián dì bā bǎi zhǔ tián shì zhǔ rén rén shì kè
千年田地八百主，田是主人人是客。

liáng tián bù yóu xīn tián zhì chǎn yè biàn wéi yuān yè zhé
良田不由心田置，产业变为冤业折。

zhēn shì wú xīn yāo fú tiān jí jiù wú xīn chù yōng qí zhōng
真士无心邀福，天即就无心处牖其衷；

xiǎn rén zhuó yì bì huò tiān jí jiù zhuó yì chù duó qí pò
险人着意避祸，天即就着意处夺其魄。

quán guì lóng xiāng yīng xióng hǔ zhàn
权贵龙骧，英雄虎战，

姑苏繁华图之二十二　清·徐　扬

yǐ lěng yǎn guān zhī, rú yíng jìng xuè, rú yǐ jù shān
以冷眼观之，如蝇竞血，如蚁聚羶；
shì fēi fēng qǐ, dé shī wèi xīng, yǐ lěng qíng dāng zhī,
是非蜂起，得失蝟兴，以冷情当之，
rú yě huà jīn, rú tāng xiāo xuě
如冶化金，如汤消雪。
kè bù lí huò, cái bú lù bái
客不离货，财不露白。
chán yán bù kě tīng, tīng zhī huò yāng jié
谗言不可听，听之祸殃结。
jūn tīng chén zāo zhū, fù tīng zǐ zāo miè
君听臣遭诛，父听子遭灭。
fū fù tīng zhī lí, xiōng dì tīng zhī bié
夫妇听之离，兄弟听之别。
péng yǒu tīng zhī shū, qīn qī tīng zhī jué
朋友听之疏，亲戚听之绝。
guǐ shén kě jìng bù kě chǎn, yuān jiā yí jiě bù yí jié
鬼神可敬不可谄，冤家宜解不宜结。
rén shēng hé chù bù xiāng féng, mò yīn xiǎo yuàn dòng shēng sè
人生何处不相逢，莫因小怨动声色。
xīn sī rú qīng tiān bái rì, bù kě shǐ rén bù zhī;
心思如青天白日，不可使人不知；
cái huá rú yù yùn zhū hán, bù kě shǐ rén yì cè
才华如玉韫珠含，不可使人易测。
xìng tiān chéng chè, jí jī cān kě yǐn, wú fēi kāng jì shēn cháng;
性天澄澈，即饥餐渴饮，无非康济身肠；
xīn dì chén mí, zòng yǎn jì tán xuán, zǒng shì bō nòng jīng pò
心地沉迷，纵演偈谈玄，总是播弄精魄。
zhī lán shēng yú shēn lín, bù yǐ wú rén ér bù fāng;
芝兰生于深林，不以无人而不芳；

姑苏繁华图之二十三　清·徐　扬

jūn zǐ xiū qí dào dé， bú wèi qióng kùn ér gǎi jié。
君子修其道德，不为穷困而改节。

mǎn zhāo sǔn， qiān shòu yì。
满招损，谦受益。

bǎi nián guāng yīn， rú jū guò xì。
百年光阴，如驹过隙。

shì shì míng rú jìng， qián chéng àn sì qī。
世事明如镜，前程暗似漆。

yǒu shè zì rán xiāng， hé bì dāng fēng lì。
有麝自然香，何必当风立。

liáng tián wàn qǐng， rì shí sān cān；
良田万顷，日食三餐；

dà shà qiān jiān， yè mián bā chǐ。
大厦千间，夜眠八尺。

jiù shēng bú jiù sǐ， jì wù bú jì shī。
救生不救死，寄物不寄失。

rén shēng shú bù xū cái， pǐ fū bù kě huái bì。
人生孰不需财，匹夫不可怀璧。

lián guān kě zhuó tān quán shuǐ， zhì shì bú shòu jiē lái shí。
廉官可酌贪泉水，志士不受嗟来食。

shì zhì zài huā liǔ càn làn、 shēng gē fèi téng chù，
适志在花柳灿烂、笙歌沸腾处，

nà dōu shì yì chǎng huàn jìng jiè；
那都是一场幻境界；

dé qù yú mù luò cǎo kū、 shēng xī wèi dàn zhōng，
得趣于木落草枯、声稀味淡中，

cái mì dé yì xiē zhēn xiāo xī。
才觅得一些真消息。

shèng xián yán yǔ， yǎ sú bìng jí，
圣贤言语，雅俗并集，

rén néng tǐ cǐ， wàn wú yì shī。
人能体此，万无一失。

姑苏繁华图之二十四　清·徐扬

阔渚晴峰图　明·李　在

“尚雅”国学经典书系

中华传统蒙学精华注音全本

书　名	定价	书　名	定价	书　名	定价
三字经·百家姓·千字文	24元	龙文鞭影	32元	千家诗	28元
孙子兵法·三十六计	24元	五字鉴	30元	幼学琼林	33元
孝经·弟子规·增广贤文	24元	声律启蒙·笠翁对韵	25元	菜根谭	25元

中华传统文化经典注音全本

	书　名	定价	书　名	定价		书　名	定价	书　名	定价
第一辑	庄子(全二册)	60元	楚辞	35元	第二辑	唐诗三百首	40元	礼记（全二册）	80元
	宋词三百首	40元	易经	38元		诗经(全二册)	60元	国语	68元
	元曲三百首	36元	尚书	45元		论语	30元	老子·大学·中庸	28元
	尔雅	34元	山海经	38元		周礼	42元		
	孟子	42元				仪礼	45元		
第三辑	春秋公羊传		荀子		第四辑	春秋左传	元	后汉书	
	春秋穀梁传		黄帝内经			战国策		三国志	
	武经七书	40元	管子			文选		资治通鉴	
	古文观止(全二册)		墨子			史记		聊斋志异全图	
	吕氏春秋					汉书			

中华古典文学名著注音全本

书　名	定价	书　名	定价
绣像东周列国志（全三册）	188元	绣像西游记（全三册）	198元
绣像三国演义（全三册）	188元	绣像儒林外史	
绣像水浒传（全四册）	218元	绣像西厢记	
绣像红楼梦（全四册）	238元		

中华传统文化经典注音全本（口袋本）

书　名	定价	书　名	定价	书　名	定价	书　名	定价
论语	11元	诗经	20元	庄子	20元	国语	20元
孟子	14元	唐诗三百首	12元	楚辞	12元	武经七书	17元
三字经·百家姓·千字文	9元	千家诗	11元	宋词三百首	16元	周礼	12元
		易经	13元	元曲三百首	13元	仪礼	11元
声律启蒙·笠翁对韵	10元	尚书	14元	幼学琼林	14元	春秋公羊传	18元
		老子·大学·中庸	10元	龙文鞭影	10元	春秋穀梁传	18元
孝经·弟子规·增广贤文	9元	五字鉴·菜根谭	14元	尔雅	12元	古诗源	20元
		孙子兵法·三十六计	9元	山海经	18元	盐铁论	12元

服务地址

①广州市海珠区建基路**85**、**87**号广东省图书批发市场**304**档**B**
广东智文科教图书有限公司（**510230**）
咨询热线：（**020**）**34218210**　**34218090**
传　　真：（**020**）**34297602**

②南京市四牌楼2号东南大学出版社
咨询热线：（**025**）**83795802**
传　　真：（**025**）**57711295**